JN204957

やわらかいロボット

新山龍馬 著

新・身体とシステム

佐々木正人・國吉康夫 編集

金子書房

序

二〇〇一年から刊行を開始した第一期シリーズ「身体とシステム」の序は、以下のように書き始められた。

現在、心（マインド）の科学といわれている領域がはっきりと姿をなしたのは十九世紀後半のことである。しばらくして人々はその新しい領域を心理学と呼び始めた。この新しい学問は、医学や生理学、生物学、物理学、文学などと連続した領域であり、二十世紀哲学の母体でもあった。心理学というのは多種の思考の混淆体であり、そこには未知の可能性があった。残念ながらこのオリジナルの柔軟さはやがて失われた。物質科学の厳密さへのあこがれに縛られ、対象を自在に見詰める眼差しは曇った。リアリティを研究者の都合で分裂させ、その一つ一つのかけらのなかで事象を因果的に説明しつくす方法論が急速に浸透した。その流儀の後継者たちが長らくこの領域で優位にたった。

そして序は以下のように続けられていた。

二十一世紀になった。いま種々の領域がまったく独自に心の研究をはじめている。はじまりの心の科学の活気が戻ってきている。

本シリーズのタイトル「身体とシステム」は、ここに述べられているように、還元主義と因果論を特徴とする二十世紀心理学の伝統とは異なる「ヒトの科学」の道を探るあらゆる試みを意味していた。シリーズの第一期では、この機運を、文化、社会、認知、表現、記憶などの領域で示す六冊を刊行した。

第一期から時が経ち「身体とシステム」の動向には、その核心部分で、つまり身体それ自体の捉え直しにおいてめざましい進展がある。ここに刊行する「新・身体とシステム」シリーズは、このように急速に変わりつつある「身体とシステム」のすがたをあらためてコンパクトな叢書として読者に届けるために企画された。

現在の「身体とシステム」は二つの動きからなる。

すでに一九三〇年代の革新は、ヒトの動きが下位システムの複合する高次システムであることを見通していた（ニコライ・ベルンシュタイン著『デクステリティ　巧みさとその発達』（工藤和俊訳／佐々木正人監訳　金子書房）ように、二十世紀科学は、ヒトの動きが機械の運動とはまったく異なる原理によることを明らかにした。いまではマクロな身体現象に複雑系や、とくに非線形科学（非平衡現象の科学）の解析法をもちいることがトレンドになり、洗練された方法は身体についての知識を一変させた。これが第一の動向である。

こうした運動科学の世界的な変化に、知覚の生態学的アプローチが合流したのは一九八〇年頃である。二つの出会いが、媒質（空気）の光構造や、振動の場、ソフトな力学的接触などからなる生態学的情報に身体が包まれ、身体運動の制御がそれらと無関係ではないことを明らかにした。周囲に潜在する膨大な意味が、包囲情報が特定する環境表面のレイアウトにあるという発見がもたらされた。身体とそれを囲むところをシステムと考える、この第二の動向は、認知科学、ロボティクス、リハビリテーション、プロダクト・デザイン、建築などの分野に広がっている。

わが国の研究者は、この環境と身体を同時に射程に入れるヒトの科学の一翼を担っている。二〇〇七年に新時代の「身体とシステム」を議論する「知覚と行為の国際会議」が横浜で開催され、半数以上の海外発表を含む百五十名の参加者が交流した。

このような時代に書き継がれる、「新・身体とシステム」各巻には、概念と事実の新しい展開が提示されている。ベルンシュタイン問題（多自由度身体の制御法）への確立したアプローチ、非線形運動科学による多様なジャンルの複雑な行為の解明、身体に生まれながら埋め込まれている（固有の）ダイナミクスをベースとする発達運動学、包囲音情報に含まれている行為的意味の音響分析、面レイアウトの意味を探る生態学的幾何学、実世界動物のしなやかで巧みな振る舞いの原理から構成するソフト・ロボットや乳児ロボットなどが各巻の主題となる。

各巻は、身体について、その動きの原理について、身体の周囲をデザインすることについて、はじめて述べられることが、わかりやすく紹介されている。心理学とその関連領域の研究者や院生のみならず、ヒトの科学の新時代に興味を持つ若い高校生や学部生をはじめ「身体とこころ」について考える広い読者にも、このシリーズの各巻が何かのヒントになれば幸いである。

二〇一六年五月

「新・身体とシステム」編者

佐々木正人

國吉康夫

目次＊やわらかいロボット

目　次

目次

本文イラスト　大津萌乃・新山龍馬

まえがき

ソフトロボティクスは、知的好奇心を刺激する魅力的なテーマだ。やわらかいロボットという言葉の響きのおもしろさや意外性を、素直に感じてもらえればうれしい。これまで、ロボットといえばかたい機械のことで、それを扱えるのは機械工学と制御工学を学んだ人だけだった。人間とロボットが触れ合うことはなかった。それが、やわらかさを導入したとき、ロボットに生き物らしさが意識され、ロボットと人間の対比から新しい身体観が生まれる。ロボティクスは、ロボット工学と言いかえられる言葉ではなく、広くロボット学であると思う。それは、「工学系」や「理系」でなくても、ロボットについての議論に参加できることを意味する。これまで、ロボット作りに分類されなかった営みが、ロボット作りとみなされ始める。

ロボットは、鏡か、のぞき窓のようなものだ。わたしは、ロボットを通して、かたちと肌触りのあるこの世界の存在や、生き物の魅力について探索している。単に、作業を代行する自動機械としてのロボットであれば、こんなにも興味をひかれないし、ロボットという言葉が、これほどまでに特別な意味をもつことはなかっただろう。ロボットを生物にみてしまうことは錯誤ともいえるのだが、身体を備え自ら動くということに関して、ロボットにも生き物にも同じまなざしを向けることができる。人造（artificial）と天然（natural）の二項対立は、現代においてはまったく意味を失っている。

私の両親は生物学者で、私は図画工作が好きな子どもだった。『ロボットのひみつ』というマンガ本をよく読んでいた。そこには、茶運び人形から、産業用ロボットのシーケンス制御、つくば万博を彩ったロボット、初期の二足歩行ロボットなどが載っていた。本の最後には、人工皮膚を備え、人工の神経回路で動くバイオ・ロボットが描かれていて、こころ踊った。なにかと戦う、大きなロボットにはあまり興味がなかった。子どもの頃、ロボットがおもしろい、と思ったままに、大人になってもロボット作りを続けている。安直にみえるかもしれないが、好きなことを続けるのは意外と難しい。本書には、ロボット博士への私的な道のりの一端も、あえて含めた。

ロボットのおもしろさは、ロボットそのものよりも、ロボットを見たときに起こる私たちの心の動きにある。本書を読んで、自分の身体と、未来のロボットについて、思いをめぐらせてもらえればと願っている。

I章 やわらかいロボット

古典的な機械はかたい。それは、力を伝え、決まった運動を行うためであった。計算機科学や材料科学の発展によって、やわらかい機械を設計・製作できる状況が整いつつある。その未開拓の領域は、ソフトロボティクスと呼ばれ、黎明期を迎えている。ソフトロボティクスの前身と現状を案内する。

1　ソフトロボティクス

新しいロボット学

　ソフトロボティクス（soft robotics）は、まだ発展途上の、若い分野だ。「ソフト」は、物理的なやわらかさ（softness）を意味する。コンピュータ・ソフトウェアの「ソフト」とは関係ない。ただし、やわらかいロボットの制御はソフトロボティクスの範疇である。ソフトロボティクスが分野として認知され始めた二〇一〇年を、ソフトロボティクス元年と位置づけてみよう。黎明期にあるこの学術分野は、活気と多様性があり、さまざまな挑戦が行われている。ソフトロボティクスは、機械工学やメカトロニクスの枠をこえて生物学や材料科学と合流し、学際的な学術分野を形成している。

　狭義のソフトロボティクスは、軟体ロボット（soft-bodied robot）を扱うロボット工学の一分野である。シリコーン製の全身がやわらかい移動ロボットや、骨のないソフトグリッパーの研究がこれにあたる。本書では、ソフトロボティクスの今後の展開を見すえて、軟体ロボットにかぎらず、やわらかさを積極的に利用したロボットシステムを広く扱う。広義のソフトロボティクスは、ソフトとハードのハイブリッド、あるいは、ほどほどにやわらかいセミソフトロボットも含む。

単純に考えると、やわらかいロボットを作ろうと思ったら、かたい材料の代わりにやわらかい材料を使えばよい。アルミ合金やスチールの代わりに、ゴムやスポンジを使えば、ロボットはやわらかくなる。そのときに何が起こるか？　すべての構成要素をやわらかくしたら、ロボットは体重を支えられなくなってグンニャリするだろうし、機械工学の根幹を支える歯車やねじは役に立たなくなるだろう。素材を変えたら、機械の作り方や設計の方法も変える必要がある。それが、ソフトロボティクスの必要な理由である。機構だけではない。電子部品や電池もかたいので、やわらかいセンサ、やわらかい計算素子、やわらかいエネルギー源が必要になる。徹頭徹尾やわらかいロボットを作るのは、現在の技術ではかなり挑戦的なことだ。

ロボットの構造をやわらかさという観点で根本から変更したとき、作り方だけでなく、使われ方も、大きく変わるだろう。産業用ロボットアームの価格は百万円を超える。プラスチックという新素材で大量に作られた工業製品が、日用品の価格と流通を変えたように、ロボットも安く作られ、使い捨てされるものになるかもしれない。やわらかさは、人間と触れ合う人工物には必ず必要な性質だ。すぐとなりで動いていても安心できるロボットが現れるだろう。さらにその先には、工学とバイオテクノロジーの融合が待っている。ロボットの作り方と人工臓器の作り方は近づくだろう。遠い未来にはロボットがロボットを生むようになるかもしれない。

いま「やわらかい」ロボットとわざわざ言う必要があるのは、これまでのロボットが、他の機械と同じように硬質なものだったからだ。もしもソフトロボティクスが十分に発展したら、ロボットがやわらかいことは普通のことになって、そのときソフトロボティクスという言葉は消えるだろう。

三つの潮流

ソフトロボティクスが台頭してきた背景として、三つの大きな流れがある。一つめは、生物のやわらかい仕組みをロボットに取り込んだ、生物規範型ロボットの研究、二つめは、不定形の液状ロボットをめざした研究プロジェクト、そして三つめには、知能における身体の重要性を説く身体性認知科学である。

生物を規範とした軟体ロボットは、たとえば、タフツ大学のトリマー（Trimmer, B.）の研究グループによるイモムシの研究がよく知られている（Trimmer et al., 2006；Lin et al., 2011）。トリマーは、ソフトロボティクスに関する初の学術誌 SoRo の編集長でもある。彼らは、タバコスズメガの幼虫を研究室で育て、運動の神経制御を調べながら、イモムシロボットの開発も行っている（図1-1a）。シリコーン製のイモムシロボットに使われている動力は、形状記憶合金（SMA: shape memory alloy）ワイヤである。

やわらかい材料を使った生物模倣の代表例は、壁や天井に張りつくヤモリの足指をまねた接着構造である（Metin & Fearing, 2003）。ヤモリの指には微小な毛がびっしり生えていて、その毛先が分子間力によって物体表面に接着する。毛のやわらかさは、でこぼこした表面への密着に役立っている。接着するだけであれば接着剤にもできることだが、ヤモリは、うまく指に力を入れることで剥がす動作も素早い。

ソフトロボティクスを志向したのは、ロボット研究者や生物学者ばかりではない。二〇〇七年に発表されたChembotsプロジェクトでは、DARPA（アメリカ合衆国国防高等研究計画局）が出資して、ケミカルロボット（chemical robot）と呼ぶ不定形の液状ロボットの開発を目標に掲げた。このプロジェクトのメンバーには、多数の小型ロボットが寄り集まってさまざまな形を作る群ロボットの研究者のほか、化学者や数学者が含まれていた。ケミカルロボットの背景には、形状や物性を自由に変更できる架空の物質、プログラマブルマター（programmable matter）の概念がある。このプロジェクトの中で、いくつものソフトロボットの原型が作られた。ハーバード大学のホワイトサイズ（Whitesides, G. M.）の研究グ

a. イモムシロボット (Lin et al., 2011)

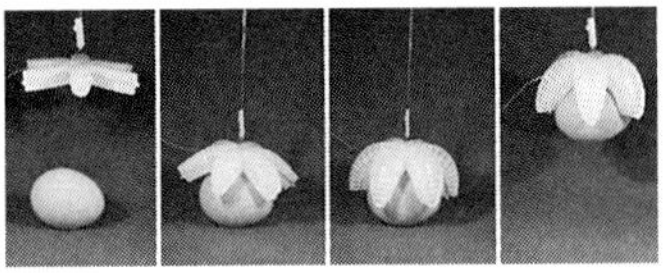

b. ソフトグリッパー
(Ilievski et al., 2011)

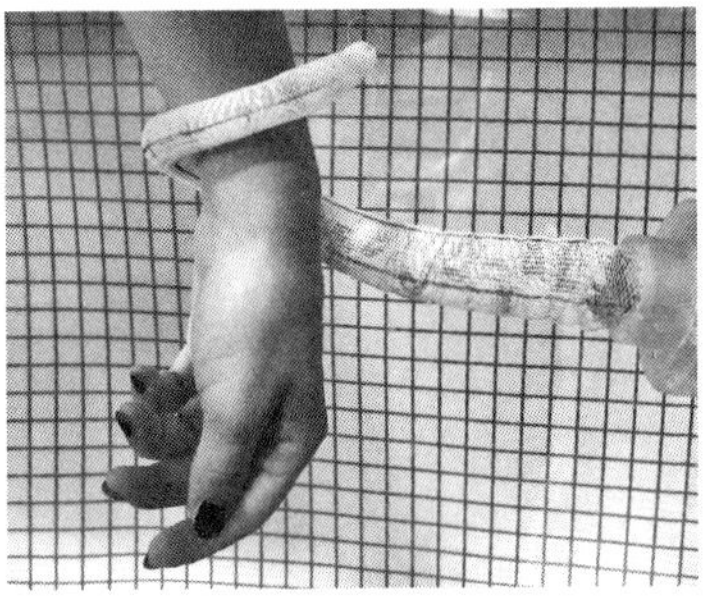

d. タコ型ロボットアーム
(Laschi et al., 2012)

c. ジャミング転がりロボット (Steltz et al., 2009)

図1-1　さまざまなソフトロボット

〔a. Image provided by Barry Trimmer, Tufts University　b. ©2011 Wiley, with permission of George M. Whitesides, Harvard University　c. With permission of Erik Steltz, iRobot Corporation　d. Image provided by The BioRobotics Institute, Scuola Superiore Sant'Anna, Pisa, Italy〕

ループでは、複雑な中空構造をもつソフトな触手が作られた（図1‐1b）(Ilievski et al., 2011)。マサチューセッツ工科大学のラス（Rus, D.）の研究グループでは、やわらかい尾びれの魚ロボットが作られた（Marchese et al., 2012)。また、iRobot社の研究者は、ジャミングと呼ばれる粉体が流動性を変える現象を利用して、表面のかたさを変える球状のロボットを開発した（図1‐1c）（Steltz et al.,

2009)。

やわらかい身体は、知能の獲得に不可欠なものだろうかという問いもある。知能における身体の重要性はさまざまに評価される。人工知能の分野で支配的な身体観は、身体を、キーボードやディスプレイと同列の、計算機に従属する入出力装置の一種とみなすものである。これに対して、身体性、つまり感覚運動経験を規定する身体の形態やダイナミクスこそが知能の本質的な基盤であるという考えが、身体性認知科学である。本書も、この考えに同意するものだ。キーボードはだれが打っても同じ記号を伝えるが、身体はちがう。身体には形態と状態があり、環境にも形態と状態があり、その関係性によって感覚情報は変わる。キーボードはいつ打っても同じ記号を伝えるが、身体はちがう。身体の状態は時事刻々変化し、感覚と運動はそれに依存する。キーボードは受動的に入力を待つだけだが、身体はちがう。身体は閉じた感覚運動ループをもつ自励系であり、感覚は運動を引き起こし、運動は感覚を引き起こす。そういうことが、身体のそこかしこで、並列非同期的に起こっている。

身体性認知科学（Pfeifer & Bongard, 2006）を提案したファイファー（Pfeifer, R.）らは、制御系の役割を極端に抑えて身体性を強調したいくつものロボットを製作し、身体と環境の相互作用が、巧みな動作の源となり得ることを示してきた。そのなかで、手指などの肉のやわらかさは、実世界との接触を調停する重要な性質である。また、筋肉や腱の粘弾性は、身体に利用可能なダイナミクスを与えるものである。同じ流れの中で、東北大学の石黒(Ishiguro, A.）の研究グループは、さまざまな生物の脚運動が、振動子の引き込み現象という統一的な仕組みによって、身体環境の相互作用の中から創発され得ることを示している(Ishiguro et al., 2003)。また、ケンブリッジ大学の飯田（Iida, F.）の研究グループは、弾性を巧みに利用した脚ロボットや、やわらかいロボットハンドの研究を行っている（Iida et al., 2006)。

ソフトロボティクスの勃興を支える、生物規範型ロボット、ケミカルロボット、身体性認知科学のそれぞれの流れを概観すると、研究者らが意欲的にやわらかいロボットを志向し、新しいロボット学を推進しようとしていることがわかる。初期のソフトロボットに関するプロジェクトに参加していた研究グループは、現在でもソフトロボティクス研究を主導している。これらの動きに、フレキシブルエレクトロニクスや、マテリアルサイエンスの研究者が興味をもち、さらに大きな流れを作っている。

生物規範型ロボット

ソフトロボティクスは、生物の有様に大きな影響を受けている。生き物の原理を理解し、工学的に応用しようとする生物規範型ロボットの研究は、ソフトロボティクスと共通部分が多い。生き物らしさには、形態と動きの両方がかかわっているが、その基盤は、やわらかい身体だ。ソフトロボットには、タコ、魚、クラゲなど、水生動物を模倣したものが多い。やわらかい素材を使うと継ぎ目のないなめらかな身体が製作でき、また、非力なソフトロボットでも水中では動きやすいからだ。

イタリア・聖アンナ大学院大学のラスキ（Laschi, C.）が率いて、二〇〇九年から二〇一三年にかけて行われたOCTOPUSプロジェクトは、名前の通りタコに学んだ巧みでやわらかいロボットを作る研究プロジェクトだ（Laschi et al., 2012）。タコ触手は、曲がるだけでなく、触手が太くなったり細くなったりして伸縮するのが特長だ。このプロジェクトでは、メッシュ状の筒に形状記憶合金（SMA）が多数埋め込まれた触手や、シリコーンラバーにワイヤを通したものなど、いくつかの種類の触手が開発された（図1-1d）。なお、SMAワイヤで駆動されるヘビのような触手は、アクティブ内視鏡として生田（Ikuta, K.）らによって試されている（Ikuta et al., 1998）。

タコ型ロボットのプロジェクトは、明快なゴールを示し、注目を集めたプロジェクトだったが、実現できた触手は、残念ながら、本物のタコとはかけ離れている。本物のタコは、もっとダイナミックで多彩な動きができるが、人工のタコは、力が弱く、動きは遅く、巧みな動作もできない。筋肉の層が重なり合ったタコの触手を再現できる駆動技術はまだなく、ましてやわらかい構造に埋め込めるセンサと感覚運動の情報処理はまだまだなのである。OCTOPUSプロジェクトは、その後PoseiDRONEというやわらかいジェット推進を使った水中ロボットのプロジェクトや、触手を外科手術に使おうというSTIFF-FLOP（「外科手術のための剛性調節可能で学習可能な柔軟マニピュレータ」の省略語）プロジェクトなどの展開を見せている。

やわらかいロコモーション

普段は人間の二足歩行ばかり見慣れているが、動物園に行けば、動物の非常に多様な移動様式を目の当たりにできるだろう。二足歩行ロボットは実現されているが、二足歩行は脚による移動様式のうちのたった一種にすぎない。スキップ走行するヒト型ロボットさえ、まだ実現されていない。動物の移動様式は、暮らす環境に寄り添って非常に多様だ。生活圏によって周囲の媒質は水、空気、土、と大きく変わる。それに応じて、動物の空間移動の原理も変わる。環境は均一ではない。とくに、海底、水面、岸辺、陸上など二つの媒質が接するところには動的で複雑な環境が現れる。動物の空間移動にかかわる多様な運動を、手段を問わずにまとめて、ロコモーション（locomotion）と呼ぶ。脚や翼などの空間移動にかかわる身体部分は移動器官（locomotive organs）と呼ばれ、動物の身体の中でも大きな部分を

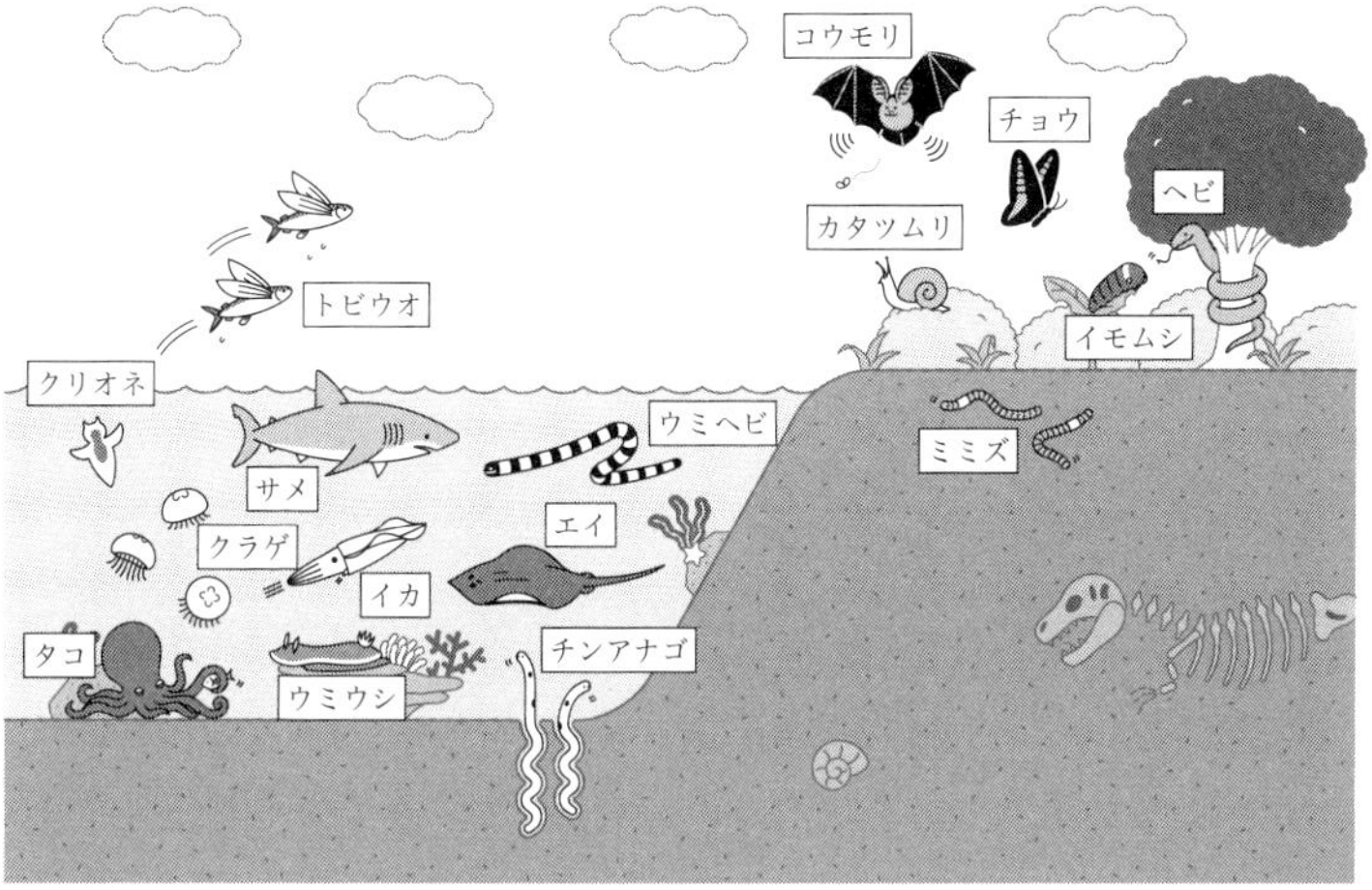

図1-2　やわらかいロコモーション

占める。

動物のロコモーションの中で、やわらかい器官によるものを考えてみよう。とてもすべては描ききれないが、図1-2にさまざまな動物の環境におけるさまざまな移動様式を示す。動物のロコモーションを眺めてみると、水中・土中・空中など、連続体に囲まれた環境でのロコモーションでは、ひれや翼、管や袋など、やわらかくて面上の運動器が役立つようだ。周囲の媒質の抵抗をあらゆる面で受けるからであろう。すぐに思い浮かぶのはクラゲだろうか。クラゲは表皮筋細胞で袋状の傘を収縮させて泳いでいる。やわらかい構造でこれを模倣したクラゲロボットも開発されている（Tadesse et al., 2012）。

イカは、やわらかい外套膜を収縮させて、内部に取り込んだ海水を漏斗から勢いよく噴出して進む。ひれを波状に動かすこともする。イカの水中速度は時速二〇キロメートルに達するといわれ、軟体動物としては最速の動物かもしれない。イカは、その泳ぐ勢いで水面から空中へ飛び出し、ひれで滑空することも報告されている（Muramatsu et al., 2013）。人間が行けない水中で活動する無人水中機（AUV: autonomous underwater vehicle）はロボットの応用分野として有望である。実用にむけては、コストや柔軟素材の耐久性など課題も多いが、水棲動物のロコモーションには研究の余地がある。

陸生の軟体動物では、ナメクジやカタツムリなどは、遅いが、天井や壁などどこでも移動できるという点では魅力的だ。それを達成するための密着には、やわらかい肉質の腹足と、粘液が使われている。軟体動物よりもさらに不定形な身体では、アメーバや粘菌のように、流動という移動方式を採用する生物もいる。

一方、陸上の大型動物にとっては、環境や物体から受ける接触力が支配的で、粘性の低い空気との相互作用はほぼ無視できる。脚ロコモーションは、接触の遷移のさまざまな様式であり、接触反力の制御である。足先で地面との衝突を繰り返す脚ロコモーションにおいて、やわらかさは衝撃の吸収やエネルギーの再利用のために重要だ。肉球や軟骨などによる衝撃の緩和や、筋腱の弾性など、繰り返す接触を効率的に行うことに使われる。やわらかい組織は、アシスト役になる。

ソフトロボティクスは、情熱的な知的好奇心によって、生物のあらゆる特徴を機械に取り込もうとしている。それは、地球上の豊かな生物相を考えれば、終わらない努力のようにも思われる。しかし、多様な生態系も、一回の生命の誕生に端を発しているのである。臨機応変なしなやかさと、生き延びるしたたかさを備えたロボットの出現が待たれる。

2　ソフトロボットの起源

最初のロボット

ロボットという言葉が初めて使われたのはカレル・チャペック（Karel Čapek）の戯曲『R.U.R. (Rossum's Universal Robots.)』の中である、とロボット入門書を見ると判で押したように書いてある。しかし、それがどんなロボットだったのか、肝心の中身を解説している文献は少ない。戯曲というのは、セリフとト書きで構成された演劇脚本形式の文学だ。『R.U.R.』の第一幕から、ロボットの登場シーンを抜粋しよう（Čapek, 1923）。

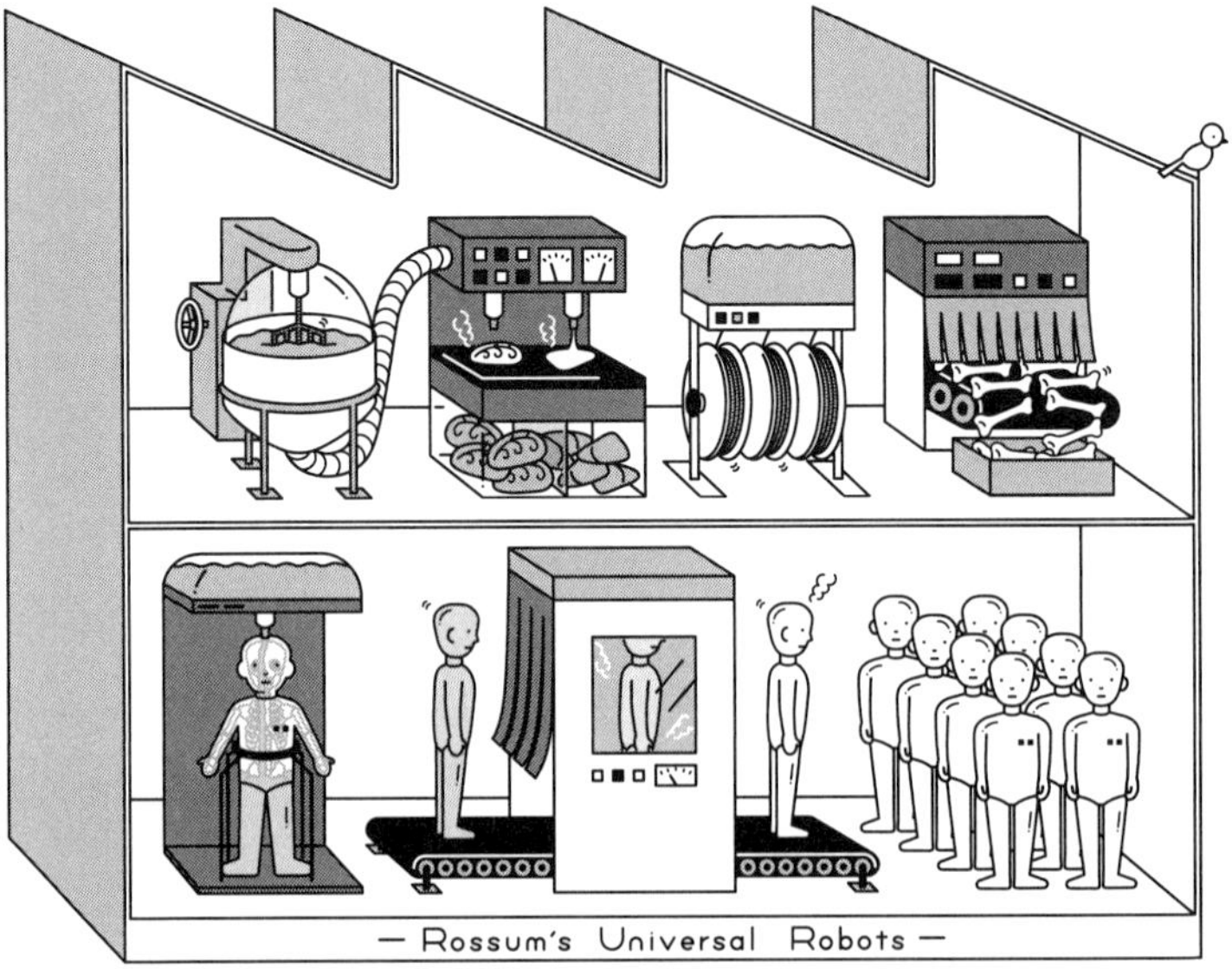

図1–3 『R.U.R.』のロボット工場

ヘレナ（椅子に座る）「あなたの
　ご出身は？」
スラ「この工場です」
ヘレナ「あら、生まれたときから
　ここに？」
スラ「わたしはここで作られた
　のです」
ヘレナ（驚いて）「え？」
ドミン（笑いながら）「スラはロ
　ボットです。最高級の」

これはR.U.R.のロボット工場を訪れたヘレナ（Helena）が、工場長のドミン（Domin）から女性型ロボットのスラ（Sulla）を紹介されるシーンである。セリフから、最高級のロボットは、人間と見分けのつかないくらい精巧なものだとわかる。『R.U.R.』の中で、ロボットの発明は、生理学者ロッサムが、生体を構成する原形質と同じ機能の人工生命物質を発見したことに端を発する。その物質は、自然の有機物質より、速く増殖し、容易に骨や臓器を成形できるものだった。試行錯誤を経て実用化にいたったロボットの生産現場の描写を抜粋しよう。

ドミン「攪拌器をお見せしましょう」
ヘレナ「何を混ぜるのです？」
ドミン「原料ですよ。各装置でロボット千体分の原料を練ることができます。肝臓や脳のタンクもあります。あとは骨工場。続いて紡績工場もお見せします」
ヘレナ「紡績工場？」
ドミン「神経繊維の紡績工場。血管の紡績工場。消化管をキロメートル単位で紡ぐ紡績工場も。その後、組立工場で、自動車の流れ作業と同じように、これらを組み立てます。（中略）組み立ての後は、乾燥オーブンを通って倉庫に運ばれ、そこで製品として動き始めます」

『R.U.R.』を読むとわかるのは、最初のロボットは、「生きた」合成物質で作られ、やわらかい肌をもった「組立式の人造人間」だったということだ。生きた粘土を練り、組み立てるとパーツが互いになじんで動き出す、といったイメージである（図1-3）。既存の生物をベースとした遺伝子組み換えやクローンなどの技術とも一線を画し、現代における合成生物学のさらに一歩先といえる。重要なのは、ロボットという言葉に、機械工学や電子回路の概念は含まれていなかったということだ。歴史的に、コンピュータの登場の五十年も前である。生身の人工生物であったからこそ、機械人形と呼ぶことはできず、ロボットという新語を必要とした。しかし、その後のロボットは、金属機械として実装されていった。ロボットが、歴史的にどのように受容されて来たのかは『日本ロボット創世記』（井上、一九九三）に詳しい。

ソフトロボティクスがめざすひとつの到達点は、チャペックが『R.U.R.』で描き、現代の技術がまだ追いついていない、人工生物の実現である。

機械の中のやわらかさ

機械といえばかたいものばかりが連想されるのは、歯車やねじなど、かたい金属製の部品が機械によく使われているからだろう。ロボットは、機械の仲間だと思われており、いまのところ、かたい。生物も機械の一種とみなせるだろうか、と思いをめぐらせた読者は頭がやわらかい。金属・無機材料に代わって、有機材料が機械にも使われはじめるとすれば、生物と機械の境界はあいまいになっていくだろう。

機械は、役に立つ力や動きを作り出す装置だ。力や動きを効率的に伝える部分には、ぐにゃぐにゃ・ふわふわしたものは使えない。たとえば、てこは力を増幅する単純な機械である。てこは、力に屈服しないことが重要であり、金属棒やよく乾燥した木材などで作るのがよい。やわらかい栓抜きは成り立たない。

金属機械が登場する以前、機械はもっとあいまいさをもったやわらかいものだったかもしれない。とても古い機械要素として滑車（pulley）とロープがある。滑車はロープの張力方向を変更する単純な装置である。たとえば、動滑車は小さい力で重い物を持ち上げることができるよく知られた機構だ。ちがう径の滑車をベルトでつなげば、変速器にもなる。船の帆も、風という流体の力を船体の推進力に変える興味深い機械要素である。帆船には、マストや帆を支えるために滑車とロープもたくさん使われている。この構造は、張力によって全体を支えたり、動きを作り出したりするという点で、人体の筋骨格系を思わせる。

技術の進展にともなって、機械のあり方は変わってきた。力強く精密な金属機械の出現は、蒸気機関の発明と産業革命以後である。その後、電子工学が発展し、機械時計の大半がクオーツ時計に替わられたように、機械のある部分は電子回路に置き換えられた。メカトロニクス（メカニクス＋エレクトロニクス＝機械工学＋電子工学）の時代にあっては、純粋に機械じかけの製品は珍しい。さらに、電子回路の機能の一部は、計算機上のソフトウェアで置き換えられるようになった。素材の発展も著しい。たとえば、初期の航空機は布張りの木製だったが、すぐに鋼管が使われはじめ、やがて新素材のアルミ合金で作られた全金属製の航空機が主流となった。そして二十一世紀、木製でも金属製でもない、カーボン繊維強化樹脂を多用した旅客機が空を飛んでいる。

機械の定義は時代によって変わっていくものだ。本書の目的もまた、機械の定義をやわらかく変容させることである。ロボットが金属機械にとどまる必要はない。私たちは「やわらかい機械」を試すことができる時代にいる。

やわらかい発想

ソフトロボティクスはまだ建設途中の分野なので、ソフトロボットを作るために必要な技術体系は定まっていないが、やわらかい機械を設計するには特別なコツがあるはずだ。石工と陶工が同じ形を作るのでも別の考え方で取り組むように、やわらかさを活かすにはやわらかい発想が必要だ。

たとえば、ドアについているヒンジ（hinge　蝶番）の、かたい例とやわらかい例を考えてみよう。金属製のかたいヒンジは、二つの部品を軸でつなげたものだ。これを、やわらかい発想で設計し直すとどうなるか。軸を省き、折れ曲がるしなやかな素材の一枚板に置き換えればよい。ちぎれてしまうと思うかもしれないが、折り曲げに強いポリプロピレン樹脂を使えば、何万回もの折り曲げに耐える。部品の数は、かたい設計では最低でも三個必要だったものが、なんと一個になる。

同じヒンジでも、組み立てが不要というだけなら、別の発想もある。３Ｄプリンタで、ヒンジを丸ごと、穴に通った状態の軸も含めて、組み上がった状態で造形してしまえばよい。

ロボットに使われているやわらかい機構を紹介しよう。電磁モータで動くロボットでは、モータの出力を、使いにくい高速低出力から、関節運動に合った低速高出力に変換する歯車減速器が必要だ。コンパクトで高い減速比が得られるのが、波動歯車減速機（商標のハーモニックドライブが代名詞となっている）である。歩く人型ロボットを実現できるようになった技術的な背景の一つに、高性能なモータとハーモニックドライブの組み合わせがある。この減速機のもっとも重要な部品が、しなやかにたわむ歯車である。紙コップのような薄い円筒状の歯車が変形しながら他の歯車とかみ合い、回転することで、コンパクトでガタのない歯車機構を実現している。力を伝える歯車はかたいことが当然という設計の前提条件が、現代の加工技術と新素材でひっくり返された例だ。

もしかすると、頭がかたいのはエンジニアばかりかもしれない。身体にそって機能する衣服のデザインや、栄養だけでなく見た目や舌触りまで考える料理は、形の変わる素材を前提としている。土づくりから始まる野菜や果実の育て方、園芸家がいろいろな品種をかけ合わせて新しい草花をつくる方法は、根本的な体系がちがっている。

機械工学には長い歴史がある。各種の機構を集めた事典をみると、およそ思いつくかぎりのメカニズムは、先人によってすでに試されているように思えるほどだ。それでも、新しい機械の発明はこれからも起こり得る。ある機能を実現するメカニズムは、ひとつではない。今まで存在しなかった素材や工作技術が生まれ、新しい設計を促している。社会的背景もどんどん変わる。生物の理解が進み、新しい設計のヒントを提供している。問題解決のために「やわらかくする」は発想法のひとつになるだろう。新しい機械は、やわらかい発想から生まれる。

II 章

やわらかさを手にいれる

やわらかさの由来はさまざまだ。分子スケールから、肉眼で見えるスケールまで、やわらかさを与える構造を幅広く見てみよう。すぐにソフトロボットを作ってみたければ、シリコーンゴムを練ってみるとよい。やわらかい材料は、外からの働きかけに変形で応え、状況になじむ。また、状態を記憶し、あるいは復元する。それは素朴な動的運動の源であり、そこにはプリミティブな自律性が発生している。

1　ソフトマター

柔軟材料

やわらかさ（softness）は、水と有機化合物で構成される生物身体の根源的性質である。生体材料にかぎらず、ゴムやコロイド、液晶や粉体など、やわらかく振る舞う物質をまとめてソフトマター（soft matter）と呼ぶ。均一で緻密なハードマターと比べて、ソフトマターの物理学は比較的歴史が浅い。実用的な合成ゴムの製造は一九三〇年代に始まった。やわらかい物質を人工的に合成できるようになってからまだ百年程度である。

やわらかさとは何か？　素朴に考えると、押すとすぐ形を変えるような、抵抗力の小さい性質のことだ。では、形が変わらない素材なんてあるのだろうか？　かたいと思われる鉄だって、尖ったダイヤモンドを押しつければ少しへこむ。やわらかさ、あるいはかたさには程度があるということだ。やわらかさを定量的に評価する値のひとつにヤング率がある。ヤング率とは、材料を引っ張るか圧縮するかしたときの、ひずみと加えた応力の比例定数である。値が小さいほど、変形しやすくやわらかいことを意味する。ヤング率を基準に、さまざ

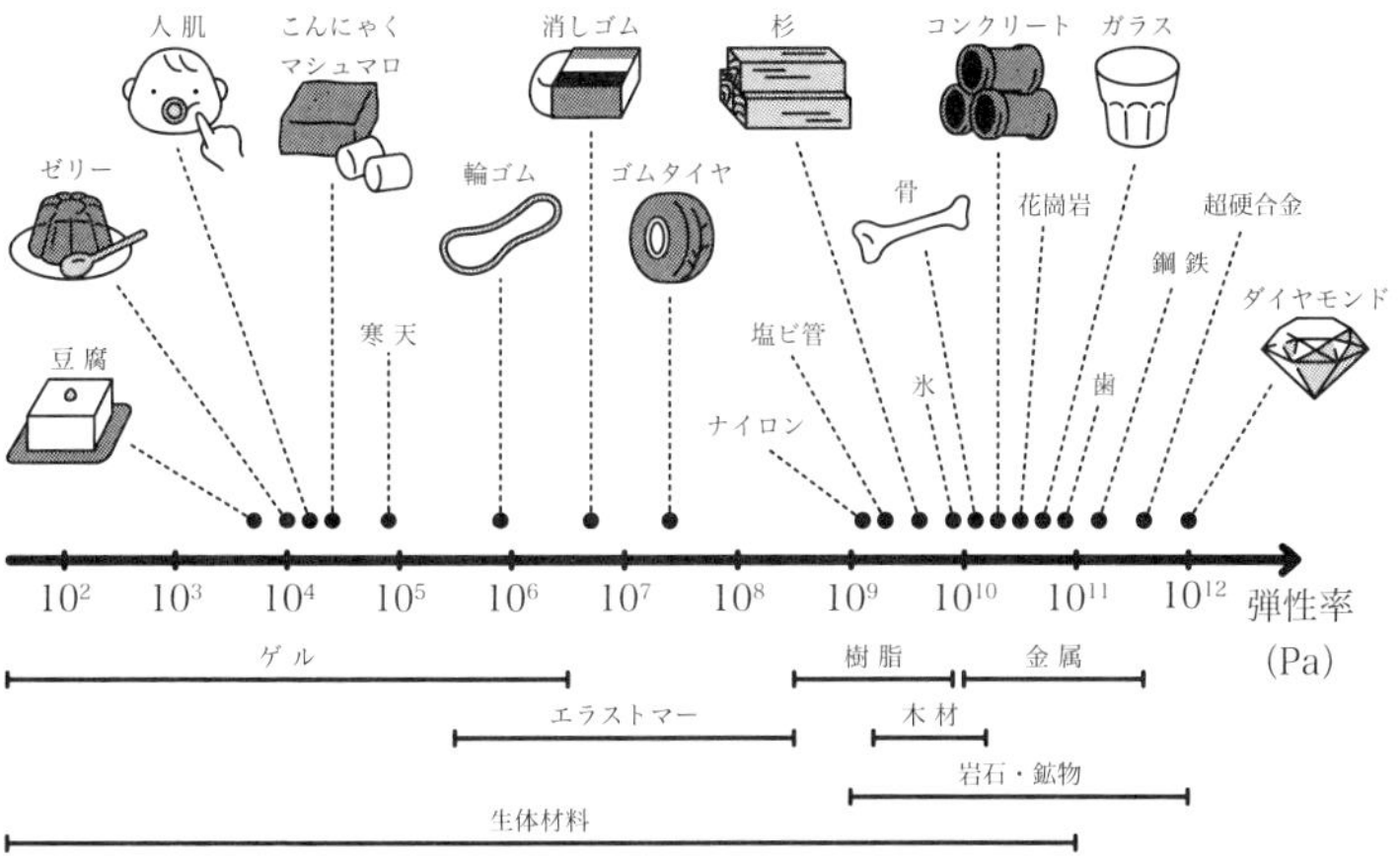

図2-1　材料のやわらかさ

まな材料のかたさややわらかさを並べてみると、生物は比較的やわらかい材料でできていることがわかる（図2-1）。

文字通り「身近」でやわらかい天然素材は、腹の肉や耳たぶなどに代表される皮下脂肪組織だ。肉は接触による外からの衝撃をやわらげる。人体が鉱石のようにかたかったら、握手やハグは不快なものになるだろう。皮下脂肪の役割は緩衝だけではない。他にも、栄養を蓄える、ホルモンを産生する、保温するなどさまざまだ。曲面が主体で継ぎ目のない人間の外観も、やわらかい肉質で覆われた身体ならではのものだ。かたいロボットの外観を特徴づけているのは、表面のかたい質感、モータで駆動される関節の継ぎ目である。もちろん、硬軟は適材適所であって、生体の中でも、身体を支える骨はかたい。一方、軟骨は骨端を包み、骨と骨の衝突をやわらげながらも小さい摩擦ですべり合う関節を形作る。

身の回りにあるやわらかい材料として、ゴムやゼリーがある。天然ゴムに似た材料を人工的に合成することができるようになったので、ゴム（rubber）の意味は広くなった。ゼリーは天然のゼラチン（gelatine）で固めた汁で、同様の柔軟材料はまとめてゲル（gel）と呼ぶ。

身近なやわらかいものは、ほかにも、台所スポンジやわた、フェルトなどがある。スポンジの語源は生物の海綿（sponge）だが、広く発泡材料（foam）を指す。発泡材料は多孔質で、肉眼でみえるくらいのスケールの立体的な網目構造をもっている。わたやフェルトも、繊維や毛がからまった網目構造をもっている。やわらかさの理由は網目構造に帰着される。

ひとくちにやわらかいといっても、ゴムとゲルはやわらかい材料のことで、スポンジやわたは、やわらかい構造の話だから、ずいぶんスケールがちがう。ぷにぷにした触感と、ふわふわした触感のちがいもそこに起因する。素材と構造の組み合わせは自由なので、ゴムでスポンジも作れる。ゴムやゲルは素材そのものがやわらかいが、さらにこれをスポンジ状・わた状にするとさらにやわらかくなる。うまくやれば、ゴムでスポンジを作り、そのスポンジを繊維にしてわた状にすることもできるだろう。

形状や構造を変えると、おなじ材料でも変形の程度が変わる。ダイヤモンドも、紙のように薄くすれば曲がる。ばねは、かたい金属を、細長くあるいは薄くして、わざと変形させるように作った部品だ。かたいガラスや鉄も、細い繊維にすれば綿菓子のようにふわふわになる。

かたさではなく強さを考えると、形状と大きさが深く関係する。紙で高層ビルは作れないが、アリの家を作るには十分だ。動物にとっては、かたさは主観的なものでもある。若葉をはむイモムシにとってのかたさと、硬い木の実を砕く強力なあごをもつサルにとってのかたさは異なるものだろう。やわらかさとは、硬度計で測ればわかる、というものではない。

ゴムおよびゲル

ゴムは柔軟材料の代表的な存在だ。日本語では弾性材料を広く「ゴム」と呼ぶが、英語で「gum」といえばお菓子のガムやグミか、ねちゃねちゃした不定形の樹脂そのものというイメージである。日本語の「ゴム」と意味が同じなのはラバー（rubber）なので、本書ではゴム＝rubberとして扱う。天然ゴムは昔からあったが、高温ではべたつき、低温では固い、実用性の薄い素材だった。それを改善するには分子の間の結合が鍵で、そのための加硫と呼ばれる熱処理が一八四〇年代に実用化された。ゴムは新素材に生まれ変わり、ゴム引きの布を使ったレインコートや、ゴム底の靴は、やっと実用的なものになった。一八八〇年代

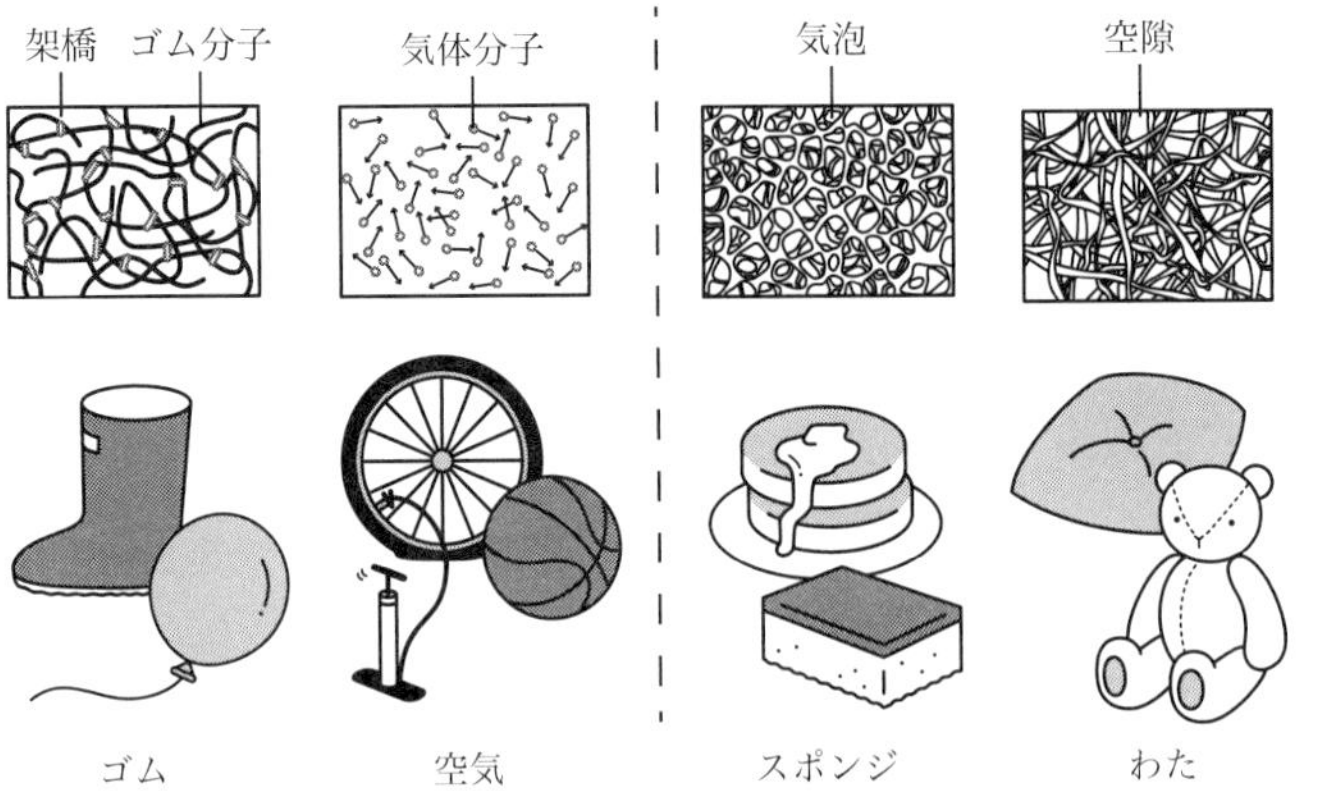

図2-2　柔軟材料の例とやわらかさの構造

に空気入りゴムタイヤが発明され、ゴムはますます重要になった。古い車のゴムタイヤは白いものもあるが、いまではどのタイヤも黒い。これは、一九〇〇年代に、カーボンの微粒子をゴムに混ぜると強くなるという発見があったからだ。

ゴム材料は天然ゴムの他にもたくさんある。というのは、細長い高分子がところどころ結合（架橋）されて網目状になっていることが大変形と弾性の秘密であり（図2-2）、いろいろな高分子材料でゴム状態を作り出せるからである。ゴム状態をとる弾性高分子材料を、天然ゴムとはっきり区別するために、エラストマー（elastomer）と呼ぶこともある。

ゲルは生体や食品によくみられる身近な柔軟材料だ。ゲルも分子スケールの網目構造をもち、それによって変形と形状の回復ができる。ゴムは細長い高分子が網目を作っていた。ゲルも高分子の網目なのだが、その隙間に水や有機溶媒が入りこんでいる。ゼリーは水を含んだゲルで、言い換えればハイドロゲルだ。水を保持して形を保つハイドロゲルは、細胞を養えるので、組織培養のための培地にも使われる。ゼリーや寒天はもろい材料だが、ゲルを構成する高分子の網目をうまく設計すれば、よく伸びてちぎれない丈夫なゲルも作ることができる。ゲルのおもしろい性質のひとつは自己修復である。ゲルの種類によっては、切断しても、切断面を合わせて静かに置くと、再結合する。

金属のばねは、押されて縮んでも離せば元に戻る。ばねはエネルギーをよく保存する部品である。ゴムはそうとはかぎらない。ゴムは、弾性に加えて粘性も備えているので、変形エネルギーの一部は熱になる。これは衝撃吸収に役立つ性質だ。やわらかい靴底を考えてほしい。コイルスプリングが靴底にあったら、着地はやわらかいかもしれないが、揺れがおさまらない。ゴム底は、着地のやわらかさと、揺れの抑制を同時にこなしてくれる。建築の地震対策のための制振機構にもゴムは使われている。粘性の大きい、薄いゴムと金属板を交互に積層したミルクレープのような大型部品が、揺れを吸収する。

空気

外形のない柔軟材料がある。常に私たちの身体を包んでいる空気だ（図2-2）。気体にもやわらかさがあり、ゴムやばねともちがう性質をもっている。水や油などの液体は、圧縮性がほとんどなく、閉じ込めてピストンで押すとかたいので、金属などのかたい物質に近い。

ゴムを球形に成形したボールはよく弾むが、中身が詰まっているので大きくすると重くなってしまう。サッカーボールやバスケットボールのように、空気を使えば軽くて大きな弾むボールを作ることができる。ボールはしかし、外殻のゴムのやわらかさと空気のやわらかさの両方が作用している。もっと空気自体のやわらかさを感じたければ、注射器の出口を閉じて空気を閉じ込め、ピストンをぐっと押し込んでみればよい。理想気体の圧力・体積・温度の関係を表現するボイル・シャルルの法則によれば、一定温度のとき圧力×体積の値が一定である。たとえば、円筒に気体を閉じ込めて高さが半分になるまで圧縮すれば、体積が半分になり、圧力は二倍になる。これは、ばねの長さと力の関係を表すフックの法則に従うので、気体はよいばねになる。

もっとも身近な空気ばねは、自転車や自動車のタイヤだろう。表面はかたいゴムだが、中には空気で張りつめたゴムチューブが入っている。空気など使わずに、全部ゴムで作ってしまえばパンクもしないのに、と思ったことはないだろうか。ところが、空気入りタイヤの効果を、ゴムだけで作り出すのはなかなか難しい。まず、ばねとしての空気は比較的やわらかいので、同じやわらかさのゴムを詰めたら、人が乗ったときにタイヤがつぶれてしまう。つぶれないかたさのゴムでは、かたすぎて乗り心地が悪い。空気入りタイヤなら、内側のゴムチューブがはじめからタイヤを押しているので、その力で荷重を相殺できる。これを与圧という。あらかじめ圧縮したばねと同じような効果が手軽に得られるのである。しかも、ばねとしてはやわらかい。そして、空気はゴムよりもはるかに軽く、無料で、地球上ならどこにいても補給できる。

気体を使ったばねは、ガススプリングと呼ばれ、オフィスチェアの高さを変える支柱や、車の跳ね上げ式後部ドアなどに使われている。封入されているのは窒素ガスである。ガススプリングのよいところは、体重や扉の重さを支えながら、軽い力で伸び縮みできることだ。同じことを金属のコイルばねでやろうとすると、大きく重くなってしまう。

鉄道車両やトラック、バスの車輪と車体をつなぐばねも、ほとんど空気ばねにとって代わられた。空気ばねは、金属ばねよりもやわらかいので、固有振動数を低くでき、広い周波数範囲で防振効果が得られる。また、伸び縮みするときの空気の移動を制限することで、揺れの減衰効果を簡単に追加できる。さらに、空気を足したり引いたりすれば、高さを変えられる。バスが乗客を乗せるときにプシューといって出入り口を低くできるのはこのおかげだ。

スポンジとわた

ここでは広く多孔質材料（porous material）をスポンジと呼ぶ。多孔質の材料を作るには材料の中にたくさんの小さな泡を分散させるとよい。多孔質材料の大半はこうして作られた発泡体（foam）である（図2‐2）。発泡させた材料は、元の素材から大きく特性を変えて、軽い材料になる。卵の白身を泡立てると、ふんわりしたメレンゲになるのと同じだ。発泡材料には、泡がはじけないまま固まるような材料を使う。ゴムはそれ自体でもある程度変形するが、発泡ゴムはもっとやわらかい。発泡体は、鉄とかゴムといった材料の名前ではなく、構造をさしている。つまり、どんな材料でも発泡体になる。そして、スポンジ状だからといって軟質とはかぎらない。かたい材料を発泡させると、硬質な発泡材料になって、軽い割に強い材料を作ることができる。たとえば、発泡コンクリートや、発泡アルミニウムを作ることができる。

発泡材料はセル構造材料とも呼ばれ、内部の気泡（cell）がとなりの気泡とつながっているかどうかで独立気泡（closed‐cell）と連続気泡（open‐cell）に分けられる。独立気泡の発泡材料では、内部の気泡が閉じていて、隣の泡との間に穴がなく、閉じ込められた気体の弾力によって形状の復元力が働くので形がくずれにくい。水や空気を通さないので、シールや浮きに使える。一方、連続気泡の発泡材料では、気泡間の隔壁が破れて網目構造だけが残っている。水を吸ったり吐いたりできるので、台所スポンジや、野菜の水栽培に使われる。また、気体を通す立体網目を作ることができるので、掃除機やエアコンのほこりフィルタに使われる。

わたは繊維が折り重なった構造で、多孔質ではあるが、発泡体とはまた異なった独特の構造になっている（図2-2）。天然では植物の綿花、昆虫の繭綿、動物の羊毛、鉱物の石綿などがある。鉄もわた状にするとスチールウールと呼ばれる、やわらかいものになる。からんだ繊維の網目構造が固定していないので、不定形だ。繊維のからみを増やして圧縮するとフェルトになる。わたのような三次元のメッシュ構造は、体積あたりの素材の使用量が少なく軽量で、隙間で動きにくくなった空気は断熱の機能を与える。わた以外のものでは、あまり繊維をからませずに束ねたような構造は毛皮や鳥の羽毛に見られる。さらに、繊維の絡みを複雑に設計した例に、織りと編みがある。編み物では、繊維が絡み合ってひも状になった毛糸を、さらに規則的に編んでいる。ゴム編みなどは、メタ構造によって伸縮性をもたせた素材の例だ。

グラスウールという素材がある。わた状に絡み合ったガラス繊維で、断熱・吸音効果のある不燃材料として建材に多用される。やわらかなグラスウールは、硬い板ガラスと同じ、二酸化ケイ素（SiO_2）を主成分とする同じ材料で作られる。これはふわふわのわたアメと、かたい氷砂糖の関係にも似ている。実際、グラスウールは、綿菓子と同じような作り方ができる。融かしたガラスを遠心力で飛ばし、糸を引かせて固めるのである。板にすると割れやすい透明のガラスがわたのようになるというのは、同じ素材でも異なる構造で劇的に特性を変えるよい例だ。

こうして眺めると、やわらかさとは、形状と構造によって、いろいろな物質から引き出せる性質だということがわかってくる。

メタマテリアル

ほしい機能に応じて、今までになかった材料を設計することはできないだろうか？　繊維状にしたり、発泡させたりする以外の操作はないだろうか？　そういったチャレンジが、メタマテリアルの製作である。メタマテリアルは、分子構造よりも大きなスケールの、メタ構造を巧みに設計することで、素材そのままでは見られない物性を与えられた材料だ。たとえば、電磁波に対して負の屈折率をもつメタマテリアルがよく調べられている（Shelby et al., 2001）。また、特殊な力学的特性を与えた力学的メタマテリアルもある。そのひとつは、風変わりな変形の様式を与えた材料だ。普通、やわらかいものを引き伸ばすと、輪ゴムを引き伸ばしたときと同じで、細くなる。それが常識的な自然現象である。ところが、特殊なメッシュ構造を与えたメタマテリアルは、引き伸ばすと逆に太くなるのである（Lakes, 1987）。これは、材料力学的には負のポアソン比（縦方向ひずみと横方向ひずみの比）をもつ材料と呼ばれる。変形を活用するソフトロボティクスでは、柔軟素材をそのまま使うだけでなく、微小なメタ構造を与えて望みの変形を設計することが必要になるだろう。

新しい機能をもった新しいスマートマテリアルには夢がある。しかし、何かに使えそうと思っても、実際に使ってみると課題がたくさんあるものだ。実用に際しては、抜きん出た長所があることよりも、致命的な短所がないことのほうが大事なこともある。マテリアル開発は地道なものになるだろう。ソフトロボティクスの躍進には、新しいソフトマターとの出会いが必要だ。

2　やわらかさの機能

なじむ

やわらかさの大部分は変形できる（deformable）性質のことである。変形自体は物理現象であって、機能ではない。機能とは、人間によって意味が与えられた役に立つ働きのことだ。変形の意味はさまざまに解釈できる。たとえば、形の受動的な調節（adjust）、未知の形への順応（adopt）、相手の形状に合わせる（fit）などである。変形にも種類があって、弾性変形と塑性変形に大別される。

弾性変形とは、力を除けば元の形に戻る変形である。たとえば、輪ゴムは伸ばせば径を変え、形を変えるが、力を除けば輪に戻る。対比して、力を除いても変形したまま戻らないのが塑性変形である。金属などは、力を加えるとしばらくは弾性変形し、ある限界を越えると塑性変形を起こす。金属ばねは、弾性変形の範囲で使うように設計されている。伸ばしすぎると塑性変形を起こして元に戻らなくなる。変形は、物体の構成要素の間に可動部があることで成り立つ。可動範囲を超えた過大な変形が起こると、要素間のつながりが切れ、ずれて戻らなくなるのである。

変形の機能を、線・面・立体の幾何学形状をもつ柔軟物でそれぞれ考えてみよう。わた状のひもは、ものを引いたり束ねたりできる。また、使わないときは、巻いて収納できる。面状の風呂敷や包装紙は、対象を包む。衣服も同様に、重力の助けを借りて、身体にそう。紙や布は折りたたんで収納できる。弾性は、これに静的な力を加えてくれる。ゴムひもはただのひもよりもゆるみにくいし、ニットは織物の服よりもぴったりと身体にそう。立体の例を挙げよう。座布団やマットレス、枕などは、かたい構造と身体の間を取り持ち、支える。尻の肉もまたクッションと同様に、腰かけたものに順応する。

やわらかさによって相手の形になじむという働きは、あまりにも日常にありふれているので、機能として意識しにくいかもしれない。たとえば、手のひらや指の腹のやわらかさが日常でどれほど役に立っているか。ピノキオになった気分で、もし手指がかたい木であったら、箸をうまく持てるだろうか？　あるいはドアノブを回せるだろうか？　かたいものに苦手なことのひとつは、密着することである。たとえば、液体を入れる容器の、本体と蓋の間にはゴムパッキンが必要だ。蛇口をひねって閉めて水が漏れてこないのはゴムを使ったこまが入っているからである。

タイヤもなじみを利用している。やわらかい材料の代表であるゴムは、大半が自動車のゴムタイヤに消費されている。ゴムタイヤが発明される前、車輪は丈夫で硬い輪だった。砂利道や石畳など、ままならない大小の凹凸と、人や荷が載った硬い輪を仲介するのが、やわらかい外輪の役割である。やわらかいことで、不確かな対象になじみ、衝撃をやわらげる。やわらかさと乗り心地は密接に関係している。鉄道車両の車輪は、ゴムが発明された後でも、硬いままの鋼鉄の円盤である。環境側に鋼鉄の細い道、つまりレールを敷いてしまったために環境と車輪の仲介役は不要で、鋼鉄同士の小さい転がり抵抗の効果を享受できるのだ。やわらかさは、運動する身体と、不確かな環境の境界にある。

はずむ

動的な変形とは、弾むこと、振動することである。静的な変形の力とひずみの関係は代数方程式で記述される。一方、変形の動的な時間発展は微分方程式で記述される。たとえば、やわらかい物体の動的な反応は、ゴムひもをはじいたり、ゼリーを突いたりすると起こる振動だ。でこぼこの道でも揺れずに走る車を設計しようとすれば、ゴムタイヤや緩衝器の動特性をよく検討する必要がある。スズメが素早く跳ね、カンガルーがゆったりと弾むことは、体重と筋腱のやわらかさで決まる動特性で説明される。

変形の動特性には、弾性に加えて、粘性もかかわる。純粋に弾性だけをもつ物質があれば、理論上はエネルギーが減らず、振動は永遠に続く。しかし、実世界で、私たちはゴムボールが永遠に弾むことはないことを知っている。接触部分の摩擦や、やわらかい材料内部の粘性によって、エネルギーは徐々に熱に変わって失われ、振動はやがて減衰するのである。

振動において興味深い現象のひとつは共振（resonance）だ。たとえば、ゴムひもで水風船をつるしたヨーヨーを考えてみる。ひもの上端を、極端に遅くあるいは速く揺らしても風船の上下動は小さい。あるちょうどいい周波数で揺らすと、風船は激しく上下する。これは共振現象のひとつである。共振周波数を探るには手応えが手がかりになるだろう。共振は、小さい入力で効率良く大きな振動の振幅が得られる状態である。昆虫の羽ばたきでは、飛翔筋と殻が弾性要素となり、共振を利用して効率的な羽ばたきを起こしていると考えられている。

可塑性

塑性変形をする粘土は、自由な造形ができ、複雑な形状の対象にもぴったりそうが、元の形に戻ることはない。こういう性質を可塑性（plasticity）という。ソファやマットレスが粘土でできていたら、始めは体の形に合わせてくれるが、寝返りをすれば先の変形が残っていて困るだろう。塑性変形の欠点は、外から押して凹ませることはできても、自ら凸状になるような凝集力がないことである。粘土で別の形を作るには、一度寄せてまとめあげるしかない。プラスチックとは、可塑性を備えた、樹脂材料のことである。熱を加えてやわらかくしたプラスチックを空洞にぎゅうぎゅう押し込んで冷やし固めると、その空洞の形に成形できる。これがプラスチック製品を作る射出成形の原理だ。

過去に起こった変形が残るということは、過去に加えられた力の履歴を記憶しているとも解釈できる。その性質を利用して、古代には、やわらかい粘土板が、楔形文字を記録するメディアとして使われていた。神経科学では、神経細胞同士のつながりの変化能を可塑性という。可塑性、つまり、変化することと変化の結果を保つことの組み合わせは、記憶や学習を支える基礎的な仕組みである。

生態学的機能

生態学的には、やわらかさは食べやすさでもある。加熱調理で肉も野菜もやわらかくなり、咀嚼が楽になる。生の状態でやわらかい食物は貴重なので、だれも食べないようなかたい葉や実を噛み砕き、消化できたほうが有利かもしれない。かたい実を食べるには強いあごや、かたい歯が必要になる。軟体動物であるイカやタコの身体で唯一かたい部分が、捕食のための顎である。食性は口の形を決め、動物の見かけの特徴につながっている。

やわらかいということは成長の要素でもある。幼体から成体への成熟は体の激烈な成長をともなうので、体がやわらかくなければ実現できない。やわらかい葉は、若芽である。竹や笹はかたくて食べられないが、タケノコはやわらかい。イモムシは、蛾・蝶類の幼体で、一令幼虫、二令幼虫というふうに膨張していく。脱皮を繰り返す変態は、拡大した身体の境界を得る戦略のひとつだ。

コミュニケーションにおけるやわらかさも興味深い観点だ。握手やハグ、キスといったふれあいを安全に行うには、表面がやわらかいほうがよい。やわらかさは、人間にとっての安心や心地よさ（comfort）にもつながる。人間のやわらかい口唇や舌は、もちろん食物摂取にも使われるのだが、すばやく巧みに変形して、複雑な音を組み合わせた発話にも大いに役立っている。

現代を生きる生物群は、進化のひとつの断面にすぎない。進化的なしがらみを引きずった生物の身体を、合目的的に解釈することには限界がある。個体にとっては、種の進化的背景よりも、人生のほうが重要だろう。生まれもった身体の使い方は、試行や模倣を通じて探索するしかない。機能は設計者に教えられるのではなく、自ら発見するものだ。アクセス可能な資源としてやわらかい身体が与えられたとき、ロボットがその使い方を自律的に探索し、運動を獲得していく発達過程は、真に知的なロボットの実現に向けて避けられない課題だ。

3　やわらかいロボットの作り方

型に流しこむ

ソフトロボティクスの研究で、軟体ロボットを作るために広く使われているのは、シリコーンゴム（silicone rubber）という合成樹脂である。シリコーンは、ケイ素を骨格に含む高分子化合物の一種だ。半導体の材料であるシリコン（金属ケイ素　silicon）と混同しないように注意する。シリコーンの原色は、ナタデココに似た、少し白みがかった半透明で、顔料を混ぜるときれいに着色できる。耐熱温度が高いので、耐熱容器や鍋敷き、油をひくブラシなどに使われている。シリコーンの魅力は、化学的な安定性と、成形のしやすさである。シリコーンにもいろいろな種類がある。ソフトロボット作りによく使われるのは、硬化剤を混ぜると固まる液状のシリコーンだ。成形では、チョコレートのように、型に流しこんで固まるのを待つ。この方法をキャストモールディング（注型）という（図2-3）。

ハーバード大学やマサチューセッツ工科大学などの研究機関で、ソフトロボットを作るために広く使われているシリコーンは、スムーズオン社（smooth-on）のエコフレックス（eco-flex）という商品である。このシリコーンは、ネットショップを通じて全米で入手でき、日本にも輸入されている。粘度が低いのでさらさらしていて気泡が入りにくく、真空ポンプを使う脱泡プロセスを省いても泡が残りにくい。調合も、A剤とB剤を同量かきまぜて室温で放置すれば硬化する。硬化剤を〇・一グラム単位で精密に量る必要がなく、使いやすい。

ソフトロボットに使われるシリコーンゴムは、肉のようにやわらかい種類のもので、強度や耐久性はあまりない。シリコーンは、他の合成ゴムに比べて繰り返しの曲げや圧縮に弱

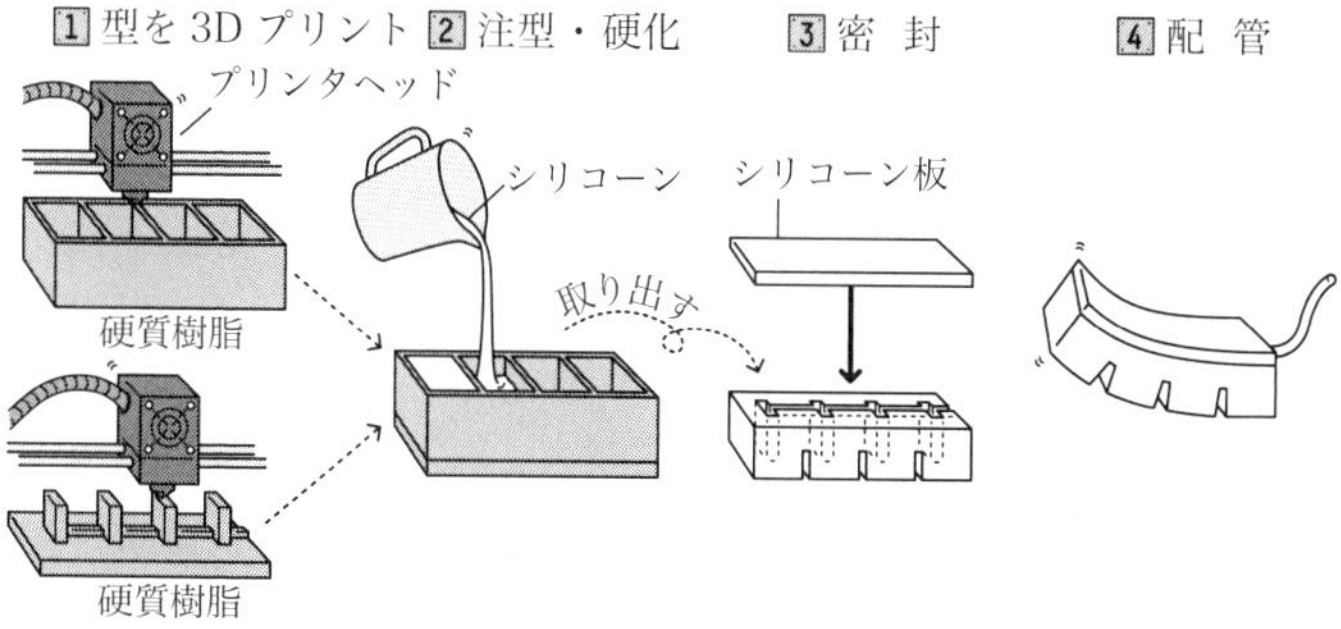

図2-3　キャストモールディング

い。また、天然ゴム（ラテックス）に比べると引き裂き強度や伸び率で劣るものが多い。とくにやわらかいゴムでは、オイルがにじみ出すなどの経年変化があることは知っておいたほうがよい。

天然ゴムやシリコーンは、個人でも入手しやすく使いやすいので研究開発やホビー、特殊メイクにはよく使われるが、工業用の機械部品としては、特性の優れた他のゴム材料のほうが優勢だ。たとえば、ローラーやベルトなどに使われるのは、ポリウレタンや各種の合成ゴムである。ただし、これらの材料は、個人や研究室で使う小ロットでは原料が手に入りにくく、扱いも難しい。

ソフトロボットの設計・製作では、シリコーンのほかにも、多種多様な高分子材料の特性と扱い方を知る必要がある。金属材料を使った典型的な機械は、かたい部品の組み合わせだ。金属と同じように切削が可能な高分子材料もあるが、もっと高分子材料らしい作り方は、その流動性や弾性を活かした加工だ。複数の部品に分けずに一体成型してから曲げればよいし、組み立てにも、弾性でぱちっとはめこむスナップ式や、接着が使える。

ソフトリソグラフィー

細い流路を作って、溶液を流して混ぜ合わせたり、細胞を少量培養したりするマイクロ流路が、化学や生物学で使われている。これまで実験机の上に並べられていたガラスの管路やビーカー、試験管を、ＩＣチップサイズにまとめてしまおうというラボ・オン・チップの考え方である。これは安価な血液診断など、医療診断用途に期待が大きく、活発に研究されている分野だ。

マイクロ流路の製作によく使われるのが、シリコーンの一種のPDMS（ポリジメチルシロキサン Polydimethylsiloxane）と呼ばれる素材だ。PDMSは透明で、生体適合性が高い。また、プラズマ処理するとガラス板と強く接着する。マイクロ流路を作るには、流路の凹凸を反転させた型にPDMSを流し、その形状を転写する。微細構造の場合、型はケイ素の薄板に凹凸を加工して作る。肉眼で見える程度のパターンであれば、感光樹脂を使ったフォトリソグラフィーという技術を使って製作できる（図2-4）。フォトリソグラフィーでは、まず、遠心力を利用したスピンコーティングという方法で、SU-8などの光硬化樹脂を

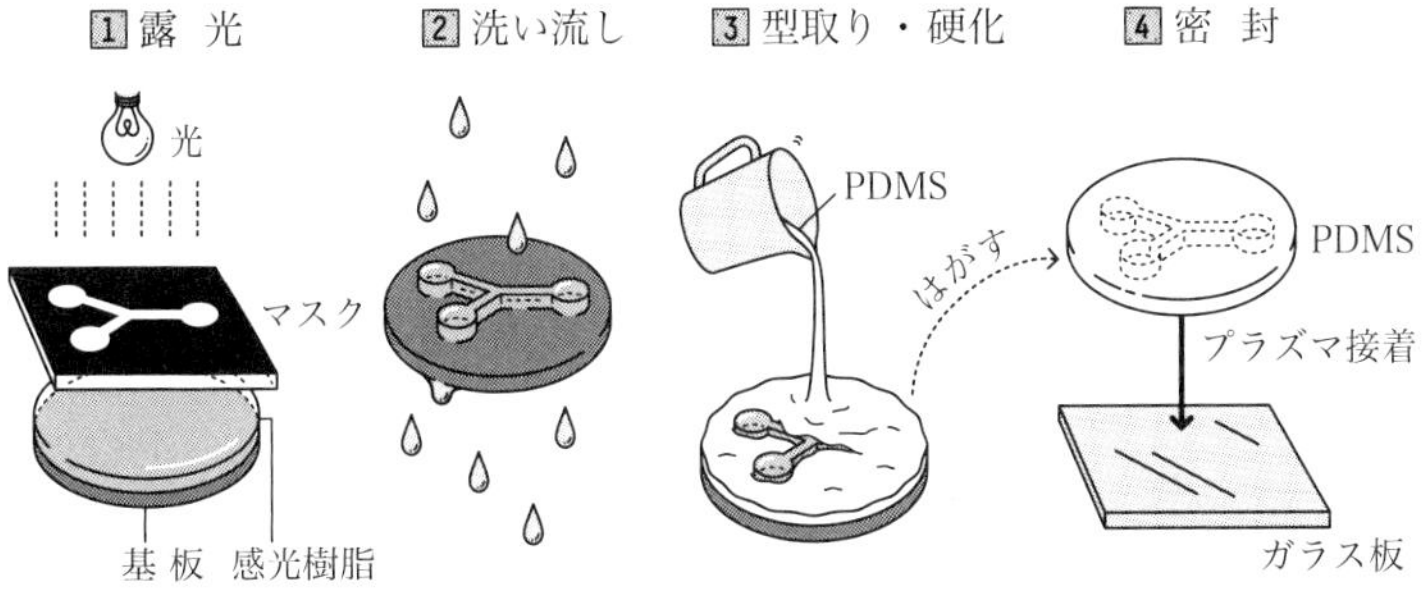

図2-4　ソフトリソグラフィー

望みの厚さで円盤上に塗り広げる。次に、凹凸を光の透過パターンとして描いたガラスマスクを通して紫外線を当てる。光が当たった部分だけが硬化するので、光が当たらなかった部分の樹脂を有機溶剤で洗い流すと、凹凸のある型ができる。この型の上にPDMSを流して固まってからはがすと、凹凸が転写される。PDMS上の溝に、薄いガラス基板で蓋をすれば、流路が完成する。

ハーバード大学のホワイトサイズらのグループで開発された四脚ロボットは、シリコーンラバー製で空気室が各脚にあり、チューブを通じて空気を送り込むと、それぞれの空気室が膨張して脚が曲がる（Shepherd et al., 2011）。開発者は空気の流路パターンをPneuNetsと呼んでいるが、これはソフトリソグラフィーと同じ発想で作られている。全体がやわらかいこのロボットは、波打つような動きで歩を進める。ただし、このソフトロボットには多数のチューブがつながっていて、かたくて大きな外部装置が必要だ。また、ふにゃふにゃの身体はうまく推

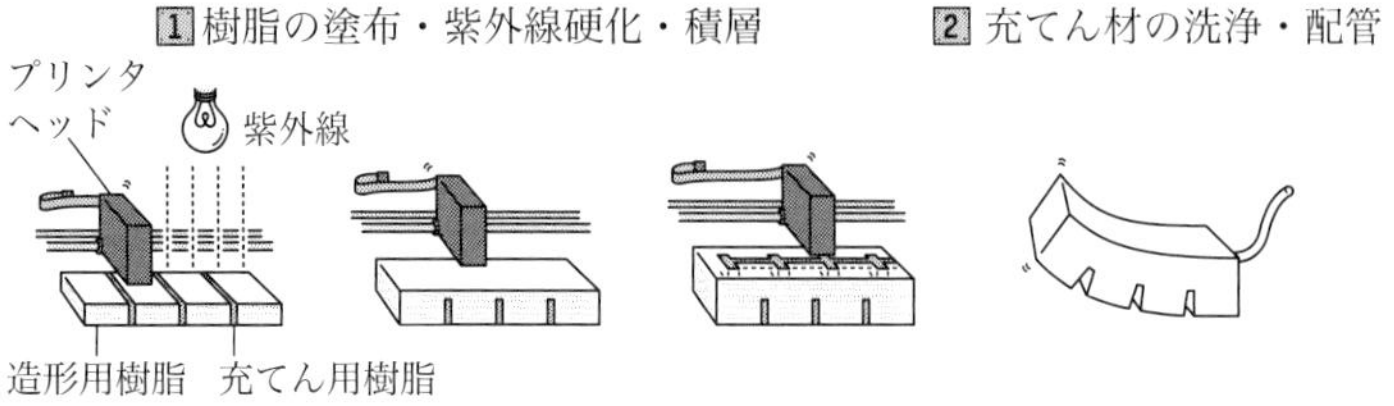

図2-5　軟質材料の3Dプリント

進力を得られないので、非常に遅い。

3Dプリンタ

髪の毛より細いマイクロ流路を作るにはフォトリソグラフィーが必要だが、空気圧で動くソフトロボットに必要な流路はもっと太いものだ。そうなると、最大でも数ミリメートルの厚みの型しか作れないフォトリソグラフィーに頼るよりも、切削や、3Dプリンタで型を製作したほうが形状設計の自由度が高い。多くのシリコーン製のロボットやグリッパーは、キャストモールディングで作られるが、複雑な形状の型は3Dプリンタで出力されている（図2-3）。

ゴム素材が出力できる3Dプリンタを使うと、複雑な形のソフトロボットを直接三次元造形できる（図2-5）。ただし、中空部分は、充てん用の樹脂で埋めておいて、後で除去しなければならない。これは理想的な作り方に見えるが、3Dプリンタで造形できる軟質材料は、型に流しこんで固めたシリコーンに比べて伸び率が小さく、粘性が高めで、裂けやすい。よくふくらむゴム風船を３Ｄプリントすることは、現状では不可能である。今後の素材の革新が待たれる。

ロボットを作る部品や材料が、どこで買えるどんな商品なのかということは、アイディアに血肉を与える上で、実に重要な知識である。それは、単に概念の実装・実証に道具や材料を要するということを超えて、実世界で入手できる資源を使った行為の中から概念が生まれるからである。この節の内容は現状のソフトロボットの作り方を示すにすぎない。もっとよい方法が台頭し、適切に古びていくことを願っている。

Ⅲ章　骨のない身体

やわらかい身体は、骨のある身体とはちがう作法で成り立っている。かたい骨の代わりに、張りのある膜で支えられているのがイモムシやミミズの身体である。水や空気など、やわらかい媒質をとらえるのは、やわらかい翼やひれだ。さらに、やわらかい運動器官は、固有の計算能力を有することが示唆されており、それはモーフォロジカル・コンピュテーションと呼ばれている。

1　身体の様式

イモムシの液体包骨格

かたい骨格をもつ動物の身体様式の典型には、人間のような内骨格（endoskeleton）と、昆虫のような外骨格（exoskeleton）がある。軟体動物はかたい骨や殻をもたないが、かといって、液体のように変形や分離合体が自由というわけではない。特有の形態を保つために、骨や殻ではなく、繊維や膜が、肉質をつなぎとめ、包んでいる。水分の多い肉質の内圧は、それを包む筋繊維の層の張力と拮抗する。このような軟体動物のやわらかい支持構造を、液体包骨格（hydrostatic skeleton）と呼ぶ（Kier, 2012）。略して hydroskeleton とも言う。この言葉は、従来は水力学的骨格などと訳されていたが、水力学あるいは流体力学は成語として他の意味をもってしまうので誤訳である。ここで新しい訳語として「液体包骨格」を提案する。

液体包骨格の例は、ミミズやイモムシなどの軟体動物のほか、ゾウの鼻や舌などのさまざまな突起物がある（図3-1）。イモムシ（蝶蛾の幼虫）の体は、水分が豊富な軟組織を筋肉

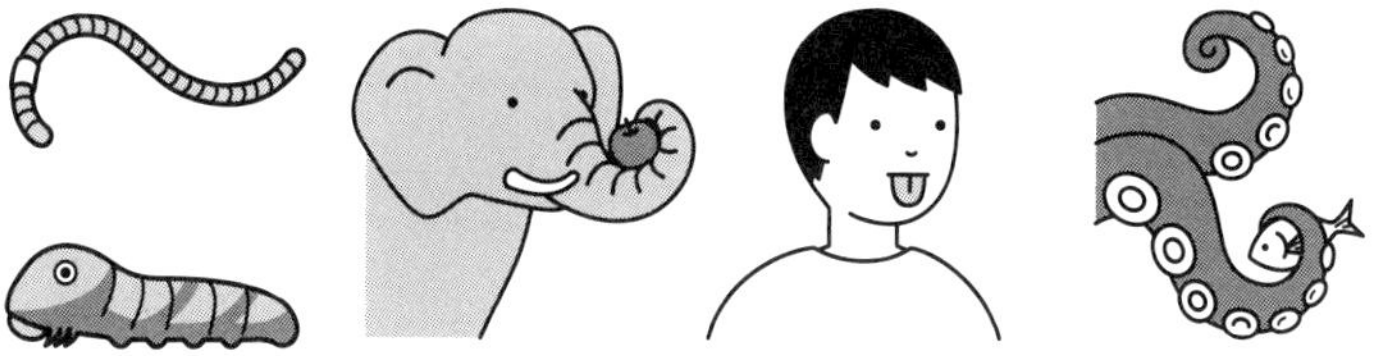

図3-1　液体包骨格の例

の層で包んだ水風船のようなものである。適度な張りを保つようにすれば、重力に逆らって頭をもたげる強度もある。ミミズの体も同様であるが、ミミズの場合は身体の湾曲ばかりでなく、体節の太さと長さを波状に変えるぜん（蠕）動運動にも、液体包骨格の特性が役立っている。液体包骨格は、非圧縮性の流体を囲んだ構造であるため、変形しても体積を一定に保つように作用し、変形を別の方向に変換する働きをもつからである。これによって、ミミズの体節が軸方向の筋の収縮によって短くなろうとすると、内圧が高まり、直径は太くなる。逆に、円周方向の筋が縮んで体節が細くなると、体節は軸方向に伸びる。

液体包骨格は、やわらかい組織だけで強度を保つほぼ唯一の方法である。動物の液体包骨格の利用においては、交尾器の一種である挿入器官（ペニス）についても触れないわけにはいかない。体内受精を行ういくつかの種がペニスを備えるが、その構造や進化的背景については未知な部分も多く研究は進行中である。脊椎動物では、哺乳類のほかに、カメ目や、トカゲやヘビなどの有鱗目の一部、トリの一部などがペニスを備える。液体包骨格は内圧を上げれば強度を増し、内圧を下げれば軟弱に

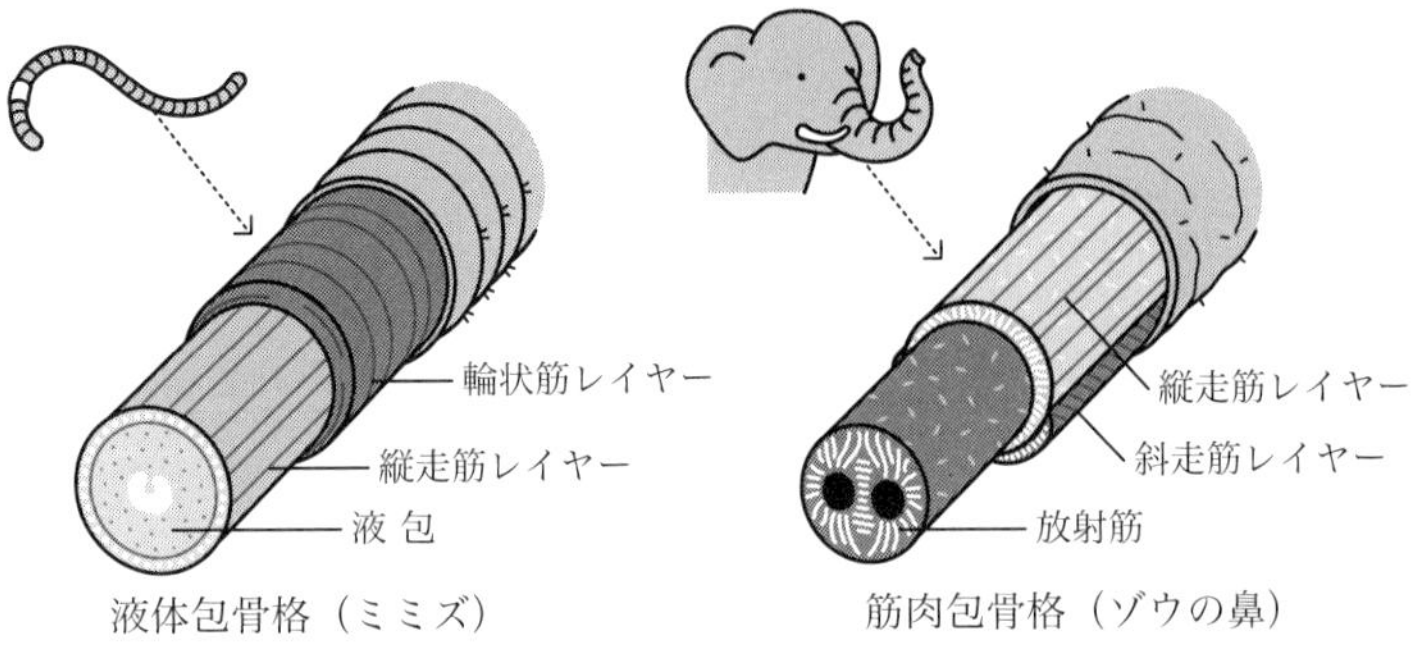

図3-2　液体包骨格と筋肉包骨格

なるので、使わないときは格納できるという利点がある。最近の知見によれば、ペニスの液体包骨格を構成する膜の強度を保つコラーゲン繊維は、長軸方向に対して0度と90度の二つのレイヤーがあり、強度を保っているという（Kelly, 2002）。当然ながら、たとえば軸方向に±45度の繊維強化もあり得る。繊維強化の方向やその組み合わせによって、強度や変形が設計できるだろう。実際、これは繊維強化空気圧人工筋でさまざまなケースが試されている。

ゾウ鼻の筋肉包骨格

舌（tongue）やゾウの鼻（trunk）は、両方とも、よく動く筋肉の固まりである。牛タンを思い出すとよい。舌は、骨がないのにもかかわらず、素早く力強い。タコの腕も同様だ。これらの組織は、液体包骨格の一種ではあるが、芯まで筋肉である点が異なっている。このような液体包骨格を、筋肉包骨格（muscular hydrostat）と呼ぶ（図3-2）。これも新しい訳語である。イモムシやミミズの液体包骨格は、筋が内臓などの軟組織を囲む構造だった。筋肉包骨格は、筋が筋を包む構造である（Kier & Smith, 1985）。イモムシやミミズは身体がまるごと液体包骨格なので、消化管その他の組織を内包する必要があり、筋肉だけのかたまりとはいかない。舌、鼻、触手は、本体からはえている突起物なので筋肉ばかりの組織として存在できる。

舌を人工的に作ることは、いまのところあまりうまくいっていない。食物を押しつぶしたり、発音を制御したり、一部の機能を模した人工舌の例はある。単純な収縮動作を行う人工筋繊維が実現できていないので、まして筋繊維がいろいろな角度で重なり合った舌を直接的に模倣するのは難しい。

ヘビとミミズ

細長い移動体という意味でヘビとミミズは似ているが、系統のちがいを反映して身体構造はかなり異なる。ヘビは、身体を曲げて横波を起こし、推進することができる。ミミズは、身体をくねらせることもできるが、おもに体節の太さと長さを変える縦波によって進む。身体を伸び縮みさせて進むことは、脊椎のあるヘビにはできない芸当だ。ミミズの動作は、腸の動きとよく似ていて、どちらもぜん動運動と呼ばれる（梅谷・伊能、一九七九）。ミミズのぜん動運動は外側に作用し、腸のぜん動運動は内側に作用する。ヘビロボットのパイオニアとして知られる東京工業大学（当時）の広瀬（Hirose, S.）は、一九七〇年代にヘビのバイオメカニクス研究を始め、その原理を工学的に翻訳したロボットの研究をおこなった（広瀬、一九八七）。

単純な身体で水陸を自在に移動するヘビは、とても魅力的な題材だ。巻きつくことを考えれば、移動だけではなく、ものをつかんで動かすことも期待できる。トビヘビという、空中を滑空するヘビも見つかっている。ヘビは、伸び縮みはしないがよく曲がる脊椎をもっている。関節をたくさんつなげてフレキシブルな構造を作れば、ヘビの身体はメカニカルに模倣できる。ひも状のロボットであらゆることができるのならば、車輪や脚を備えた複雑なロボットを作ることがばからしく思える。だがもちろん、ヘビロボットを作るのはそれなりに難しいことだ。ましてや、「万能なロボットひも」を作ることはほとんど不可能だ。一般に、機械設計において、汎用性はもっとも高価な機能だといってよい。汎用性と性能はトレードオフの関係にある。細長いものを思った通りに曲げるためには多数のモータが必要で、しかもそれらは直列接続だからひとつもさぼることができない。関節の数でいえば、ヘビロボットとヒューマノイドロボットは大差ない。しかもヘビロボットは土台となる胴体がないから、電池や電子回路の置き場にも困る。

ひも状のロボットは、人が入れない場所の検査・探査への応用が有望である。たとえば、体内をのぞく内視鏡や、床下を探るカメラなどだ。どちらも、電力供給や回収を考えると、有線で根元から繰り出したり引き寄せたりする使い方が実用的だ。自立ロボットというよりは人間が手動操作するシステムになる。そうなると、ヘビではなく、触手に近いシステムになっていくだろう。

現在も、ヘビロボットやミミズロボットのハードウェア開発、新たな制御手法の提案が続けられている。多数のモータを連結した機構の複雑さとコストの高さが課題である。別の課題は、センサ情報を用いた巧みで自律的な運動制御である。ヒト型ロボットの二足歩行であれば、接触は足裏二つにかぎられる。ヘビやミミズの場合、身体のあらゆる場所で環境との接触が想定され、状態に応じて身体の屈曲や伸縮を制御しなければならない。平地を進むヘビロボットは早い時期に実現され、その後、ウミヘビのように水中を泳ぐことや、円柱状の木の幹を登ることなどは実現されているが、それぞれ限定的な接触と動きの様式である。ミミズロボットでも、直径の決まったパイプの中を進むことは実現されているが、土や砂のように、流体でも固体でもない媒質の中を進むことはまだ難しい。未定義の複雑な環境、たとえば、瓦礫に放り込まれたヘビロボットが、詰まって動けなくならずに、隙間をぬうように目的地まで進むことは大きなチャレンジだ。

形態と構造による計算

計算あるいは情報処理を実際に行うには実在の装置が必要だ。いくら小型化したとしても、計算機は電気回路の集合である。クラウドコンピューティングといっても、計算機が並んだサーバーセンターがどこかに実在する。また、特異な構造をもつとはいえ、脳も身体の一部である。計算は物理現象を利用して実装されているということを強調しておきたい。

知能と身体の関係について再考が進むなかで「知能にとって身体が大事」という思想以上の、身体性の具体的な理解が求められている。身体のダイナミクスと運動について、理論的な記述がうまくいった例は、受動歩行機械である。コンパスのように、二本の棒を回転関節でつなげた機構は、うまく作ると交互に足を出して、坂道の上を歩くことができる。この運動を受動歩行と呼ぶ（McGeer, 1990）。動力は位置エネルギーだけで制御系もなく、機構の受動的なダイナミクスのみによって周期運動が現れるのだ。地面との接触点を支点として前に倒れこむ動作と、前に出した足が地面と衝突するときのエネルギーの消散をうまく記述してやると、この安定な周期運動がモデル化できる。この、歩行によく似た運動は、純粋な物理現象なので、人間の二足歩行とは無関係に成り立つ。つまり、二足歩行という運動は人間が頭で考え出した運動ではなく、身体から発見できるものなのだ。

運動を担う身体にも、脳神経系と同様の情報処理能力を見いだし、計算資源の一種とみなす考え方が、モーフォロジカル・コンピュテーション（morphological computation）である（Pfeifer et al., 2006）。ここで、モーフォロジー（morphology）とはものの形態や構造のことである。脳は生体の中でも酸素と栄養をたくさん必要とする器官なので、脳神経系ですべての制御を行わず、身体に情報処理や運動生成をアウトソースすることは合理的にみえる。とはいえ、身体が知的な振る舞いに貢献することは認めるが、知能の根幹は中枢神経系が行っている記憶やパターン認識であるという意見もあろう。タコ型ロボットのOCTOPUSプロジェクトに参加していた中嶋（Nakajima, K.）は、シリコーン製のタコ型の触手に曲げセンサを多数埋め込み、やわらかい物体そのものが、リカレント（循環的）な結合をもつニューラルネットワークと同じように利用できることを示した（Nakajima et al., 2014）。その鍵は、近年の脳神経科学の成果であるリザーボア・コンピューティング（RC: reservoir computing）の考えである。通常のニューラルネットワークの学習とは、神経素子間の結合重みの更新である。一方、リザーボア・コンピューティングでは、神経素子の結合はランダムに与えてリカレントニューラルネットワークが豊かなダイナミクスの「ため池（リザーボア）」となるようにする。そして、学習は、そのダイナミクスを組み合わせて読み出す際の重みの更新として行う。

運動しているやわらかい身体がリカレントニューラルネットワークと同様に使えるのは、可動部が無数にあり、隣同士さまざまに結合していることが神経素子の結合とのアナロジーになっているからだ。また、リカレントニューラルネットワークは内部ダイナミクスをもつが、やわらかい身体もまた同様に内部状態をもつ。

やわらかい物体で計算が行えるからといって、脳をゴムに置き換えようというのではない。汎用計算機を物理的なカラクリで作り直すのでは時代の逆行である。ここで重要なのは、やわらかい身体が、感覚運動経験の起こっている場所に、利用できる資源として存在しているということだ。これを利用しない手はない。

タコの触手の例では、細長く、先に向かって細くなる形態は、当然ながら得意な運動、不得意な運動があり、したがって、計算資源としても固有の使い方があるだろう。他に、人間の指先は、多数の感覚器がうめこまれたやわらかい肉で、爪の支えや指紋のような微小構造があり、モーフォロジカル・コンピュテーションの観点から興味深い研究対象だ。

2　腕と手指

連続アーム

人に代わって物体を操作する自動機械はマニピュレータと呼ばれる。とくに人間の腕に似たものはロボットアームという。遠隔操作や作業の自動化のために発展し、その黎明期にはいろいろな形式のマニピュレータが試された。関節の数や、関節やリンクの柔軟性のちがいで、さまざまなロボットマニピュレータがある。人間の腕に似た多関節ロボットアーム以外にも、用途に応じてさまざまな形のロボットマニピュレータが使われる。3Dプリンタなどのコンピュータ制御された工作機に使われる三次元移動ステージも、人間の腕とは似ていないが、一種のマニピュレータだ。今後、やわらかいロボットアームが使われる日は来るだろうか？

骨や節がなく、やわらかいロボットアームを連続アーム（continuum arm）という（図3-3）。ゾウの鼻や、タコの腕がよい例だ。人体では、骨をつなぐ関節という節目があるので身体を区切って考えがちである。手首関節から先のものをつかむ部分が手、肩関節から先、手をねらった場所に届けるのが腕、と普通は考える。タコの触手に掌や手首に相当する部分はなく、指と手と腕の区別はあまり意味がない。それは腕であり指である。移動に使えば脚であり足である。食事のときには舌にもなる。連続アームの特長は、人間であれば肘がぶつかってしまうような、曲がりくねった狭い場所にも腕を差しこめることだ。また、ゾウの鼻のように、アームの先端だけではなく、アーム全体を利用した巻きつきや抱きかかえもできる。どこからでも曲がるので、変形が豊富なのだ。

かたいロボティクスでは、ロボットがどれだけいろいろな姿勢をとれるかということを、自由度という機構学の概念で表す。人間の骨格について考えると、肩は3自由度をもつ、とカウントする。肩関節は球関節で、その状態は伸展・屈曲、外旋・内旋、外転・内転の3つの変数で表現できるからだ。関節がひとつでも、可動方向はいろいろなので、自由度が1とはかぎらない。肘関節は蝶番関節なので1自由度、前腕と手首は3自由度である。合計して、人間の腕は7自由度の機構と解釈できる。産業用の多関節ロボットアームも6自由度か7自由度のものが多い。ただし、人間の腕の骨格は7自由度かもしれないが、それを駆動する筋肉の数は7個ではなく、人間の腕と多関節マニピュレータはまったくちがう機構であることは強調しておきたい。手先の位置と姿勢（角度）を決めるには、独立した6つの自由度をもつ機構があれば十分なのだが、人間の腕のように冗長自由度がひとつ加わると、たとえ

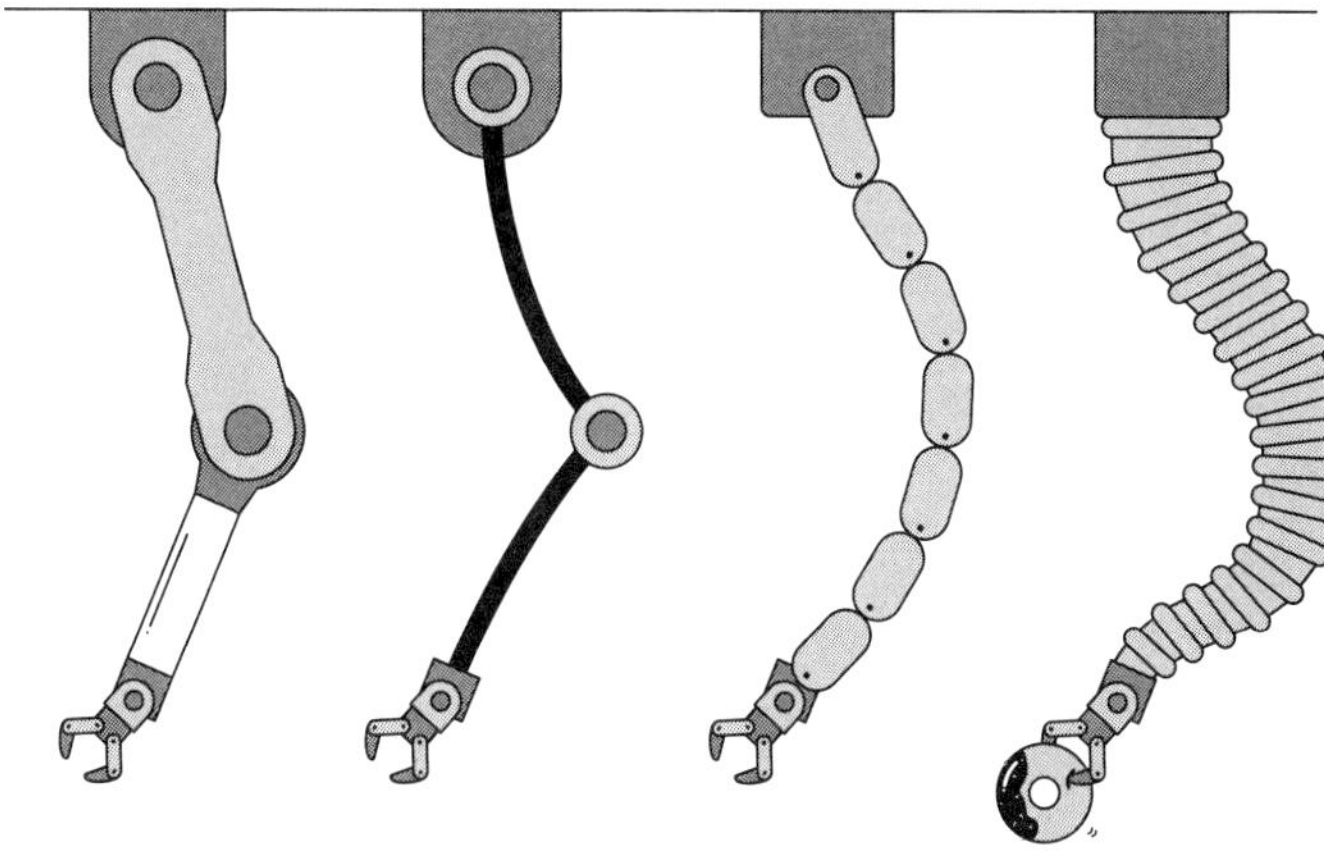

図3-3　さまざまなロボットマニピュレータ

ば手に持ったコップの位置と傾きを変えないようにしながら、肘関節の位置を調整することができて便利である。

連続アームと近い概念に、超冗長アーム（hyper-redundant arm）がある（図3-3）。かたい部品をつないだアームだが、関節が多く、冗長な自由度をもったロボットアームである。冗長性のおかげで、手先の位置・姿勢だけでなく、途中の関節の位置も自由に設定できる。超冗長アームの関節数をふやしていけば、アームの描く折れ線はなめらかになっていき、連続アームに近づく。実際、ヘビ型ロボットでは、本来は連続体であるヘビの身体を、超冗長アームと同じ構成で実装した例が多く、それでもかなりよくヘビの動作を近似できる。ただし、タコの腕などは、伸び縮みしたり、断面形状が変わったり、弾性体でできた連続アームならではの変形も可能である。これは、関節が多いだけの超冗長アームには不可能だ。

連続アームの自由度はいくつだろうか？　連続アームはどの部分でも曲がるので、可動部は無数にあるといえる。そうすると、自由度は無限ということになる。多関節マニピュレータでは、自由度の数はモータの数に等しかった。超冗長アームでは、その図式が崩れはじめ、すべての関節にモータを配置するか、いくつかの関節をまとめてひとつのモータで駆動するか、という二つの選択肢が現れる。連続アームでは、身体の自由度が無限なのに対して、モータは有限個であるため、必然的に、状態を完全に制御するという考えを放棄するしかない。残りの自由度の状態については接触で生じる力との釣り合いや、弾性にまかせることになる。古典的なロボット制御の前提からすると非常に不愉快な状況に陥るわけだ。しかし、頭の中で動きを計画しても、身体がその通りに動かないということは、私たちが日々直面することである。実際に動いてみて得た身体の状態をフィードバックあるいは学習するということは、動物がまさに行っていることではなかったか。実世界の物理法則に調停をまかせることがやわらかいロボットの運動の方策である。

アームを物体に巻きつけるタスクを考えてみよう。「かたい」方法は、物体の形状を認識してそれにそうような曲線を計算し、アームの各関節の角度をそれに従わせることだ。しかし、その方法では、関節の角度誤差が累積して、うまくいかないだろう。まちがいは、力が本質的なタスクを幾何学だけで解決しようとしたことにある。連続アームの冗長自由度と素材のやわらかさは、そのような未知の環境との物理的折衝に役立つ。物体にぶつかった部分は動きを止め、その他の部分は物体に密着するまで曲がり続ければよい。ぴったり巻きつくという運動が、原始的な感覚運動ループの中に組み込まれているのである。接触力や摩擦のモデル化と予測はなかなか難しいものだが、やわらかい身体はそれをうまく「計算」してくれる。

宇宙ロボット

構造の軽さと高い剛性は両立しがたい性質で、機械設計をするエンジニアはその解決に頭を悩ます。構造のやわらかさは振動や破壊につながり、ゴムやばね以外の変形は、設計の失敗を意味する。加工精度の必要な工作機械は、鋼や、厚い鋳鉄で作られるし、産業用ロボットアームでも、手先がいつでも同じ場所でぴったり止まるために、構造はかたければかたいほど良い。

フレキシブルマニピュレータ（flexible manipulator）または柔軟リンクマニピュレータ（flexible-link manipulator）と呼ばれる特殊なロボットアームがある（坂和・松野、一九八六）（図3-3）。その具体例は、宇宙で使われるロボットアームである。多関節アームの一種で、関節の数は通常のマニピュレータと同じだが、関節と関節をつなぐリンクのしなりが無視できず、手先が振動してしまうケースを扱う。その制御理論は、連続アームという言葉が生まれるより前、一九八〇年代から活発に研究されてきた。宇宙の微小重力環境では自重を支える強度が不要で、また、打ち上げのために軽さが優先される。結果、細長くしなりが大きいロボットアームになる。たとえば、二〇〇一年に国際宇宙ステーション（ISS）に設置されたCanadarm2というロボットアームは、カニの脚のように細長い（King, 2001）。このアームは二つ折りにしたときの長さが約八メートル、関節をつなぐ炭素繊維強化樹脂の棒の太さは約三五センチメートルだ。このような細長いロボットアームでは、先端で荷物や宇宙飛行士を運ぶとき、先端が揺れてしまう。ゆっくりアームを操作することで揺れを避けているのが現実だが、柔軟ロボットアームの研究で得られた制御手法を使えば、しなりを加味して、目標地点に手先をぴたっと止められる。柔軟マニピュレータの研究分野はかなり成熟し、すでに多くの成果が出そろっているが、ソフトロボティクスの文脈で復興が望まれる。

宇宙ロボットの研究は、振動をどう制するか、つまり、やわらかさの影響をできるだけ少なくするというアプローチである。やわらかさは、軽さを優先したせいで起こった副作用だった。一方、細長いものがしなるとき、それを利用するというアプローチもある。棒高跳びを考えれば、棒のしなりは競技の一部だ。釣り竿もそういった例のひとつだ。ルアーの遠投は釣り竿のしなやかさによる。自動車のシャーシの設計でも、事故の際に乗員を守る部分は剛性を高く、それ以外の部分で「予定された破壊変形」を起こして衝突のエネルギーを吸収するように作られる。ソフトロボティクスの挑戦のひとつは「敵」だったやわらかさを「味方」にすることだ。やわらかさを設計し、やわらかさを制御し、活用するアプローチが求められている。

触手

触手（tentacle）とは、多少あいまいな言葉だが、腕とも指ともいえないやわらかくて細長い器官のことを指す。感覚器が豊富で、能動的に動く。タコやイカ、クラゲの細長い突起物が代表的な例だ。ゾウの鼻も大きな触手といえる。舌も触手の一種だろう。触手は突起物なので、それが生えている本体を仮定している。そのため、ヘビを触手とは呼ばない。とはいえ、ヘビは触手を切り離したような移動体なので、触手の一部の機能も備える。ソフトロボティクスは、触手を作るのが得意である。骨のない、ぐねぐねした細長いものは、やわらかい素材で作るのが自然だ。見方を変えると、やわらかい素材で作った腕や指は触手になる、とも言える。硬い部品の組み合わせでは、変形や、なめらかな表面を再現することは難しい。

早い時期の、触手の名作としては、鈴森らが提案したフレキシブルマイクロアクチュエータ（FMA: Flexible Microactuator）がある（図3-4 a）（Suzumori et al., 1991）。FMAは空気圧で変形する中空のチューブで、その中は仕切りで三つに分かれている。シリコーン製のチューブには、周方向にぐるぐると巻かれた繊維が埋め込まれている。そのおかげで、ただの風船とちがって、太さ方向にはふくらまないが、長さ方向には伸びる。三つの空気室のうち、たとえばひとつの空気室の圧力を上げると、偏った伸びによってFMAは曲がる。空気室すべての圧力をあげると、FMAは曲がらずに伸びる。FMAの研究発表は一九九〇年頃だが、その生き生きとしたなめらかな動きや、さまざまなデモは、今見ても印象深い。

ヘビ型ロボットの開発で知られる広瀬らは、ヘビや触手のような機械をまとめて、能動索状機構（ACM: Active Code Mechanism）と呼んだ。広瀬らは、多関節のヘビ型ロボット以外にも、連続アームを製作している（広瀬、一九八七）。

やわらかい触手の研究は、二〇〇〇年代に入って再び活発化している。中空構造のシリコーンラバーに空気を送り込むと、膨張変形することを利用して、さまざまな触手が試された（Martinez et al., 2013）。シリコーン製のやわらかい触手は、最も製作が簡単で原始的

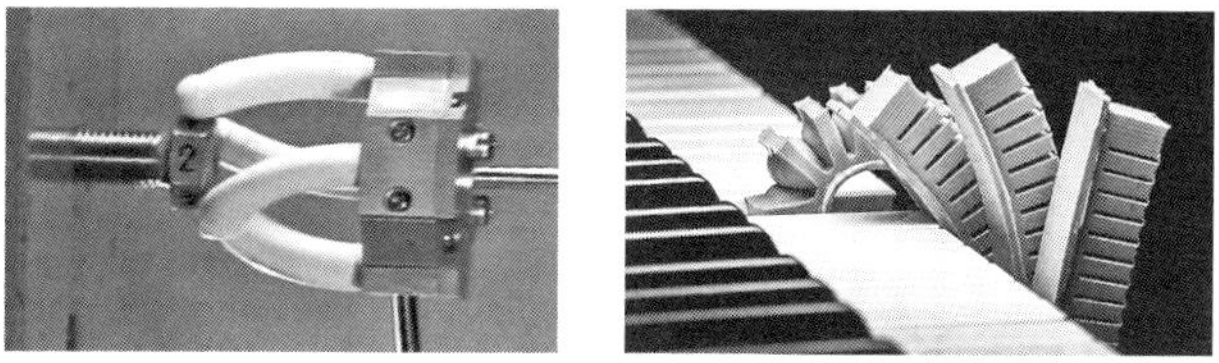

a. ボルトを回す触手
(Suzumori et al., 1991)

b. すばやく曲がる柔軟指
(Mosadegh et al., 2014)

図3-4　やわらかい触手

〔a. 出所　https://www.youtube.com/watch?v=kHGLYRUKWeM　b. 出所 *Advanced Functional Materials, Volume 24* (15), 2109 (cover picture) ©2014 Wiley, with permission of George M. Whitesides, Harvard University〕

なものだが、欠点も多い。空気で簡単にふくらむようなやわらかい触手は、強度がなく、力が出ない。かといって、かための素材を選んだり、厚みを増したりすると、今度は変形が小さくなる。また、中空部分はぶくぶくと四方八方に膨らみ、曲がる以外の変形に無駄なエネルギーを使う。シリコーンで触手を作ってみた初学者は、望まない変形と、あまりの非力さにがっかりするだろう。

ハーバード大学のホワイトサイズらの研究グループは、触手が曲がりやすくなる切れ込みを入れ、切れ込みを広げるような異方性のある膨張を起こす中空構造を設計した(Mosadegh et al., 2014)。効率よく曲がる構造のおかげで、ピアノの鍵盤をポンと素早く押すことができ、ソフトロボットは遅い、というイメージを変えた(図3-4b)。変形を規定する他の方法は、伸びにくい繊維を構造に埋め込むことだ。膨張するゴム管に繊維を巻きつけると、径方向の膨張が抑制されて長さ方向に伸びる。ゴム管と平行に繊維をそわせると、今度は軸方向の膨張が抑制されて太くなり、縮む。やわらかい材料を使うだけでは、思ったように動くソフトロボットは完成しない。やわらかさのデザインが必要だ。形状の工夫、異種材料の組み合わせ、伸びない繊維やかたい材料の埋め込みが、その手段である。やわらかい変形を制御する重要な原理は、構造に異方性を与えることだ。

翼とひれ

飛行機は、話者の都合によって、機械が生物によく似る例としても、機械が生物とは異なる例としても使われる。飛行の理論が十分でなかった時代、現に飛行している鳥は、飛ぶ機械の見本であった。オットー・リリエンタールは鳥の翼の構造を詳細に調べ、その性能について定量的な実験を行って『航空術の基礎としての鳥の飛行』（リリエンタール著／田中・原田訳、二〇〇六）を出版している。同時代、ライト兄弟も有人動力飛行機の開発過程でリリエンタールの著書を参照した。ライト兄弟は、リリエンタールと違い、鳥のような羽ばたき推進をすっかり切り捨てた。彼らは、まず人間を持ち上げるのに十分な揚力をもった固定翼の凧の設計方法を確立した。さらに興味深いのは、ライト兄弟の飛行機が、鳥のような翼のひねり（wing warping）を取り入れていたことだ。リリエンタールの墜落死のような悲劇を繰り返さないためには、操縦機構は重要だった。最初の有人動力飛行機は、操縦のために、しなやかな翼をもっていたのである。

その後の航空機の歴史では、飛行機の翼は、丈夫で作りやすい剛構造となり、ひねりの効果は部分的に可動する補助翼（エルロン）でまかなわれることになる。しなりを計算に入れた軽くて抵抗の小さい翼が設計できるようになったのはつい最近のことだ。羽ばたき飛行も、有人飛行機の機構としては一度棄却されたが、小型飛行ロボットのための機構として挑戦が続いている。たとえば、ハチドリロボットが、三次元飛行を実現した（Keennon et al., 2012）。指先ほどの大きさで、羽ばたきができるハチ型ロボットが飛び立った（Wood, 2007）。

生物の翼、脚、そしてひれは、どれも筋の収縮を源として往復運動を行う。一方、機械は回転運動を源として発達してきた。飛行機は羽ばたき翼ではなくプロペラを、自動車は脚ではなく車輪を、船はひれではなく回転スクリューを採用した。とくに大型の機械では、加減速の大きな往復運動よりも、定常的な回転運動のほうが有利になる。しかし、小型の機械では話がちがってくる。羽ばたき推進が一度棄却され、再び見直されているのと同様に、ひれもまた無人水中ロボットのための機構として見直されつつある。ひとことにひれといっても形態と機能はさまざまだ。魚の胸びれの形や動きは、鳥の翼や蝶の翅とよく似ている。尾び

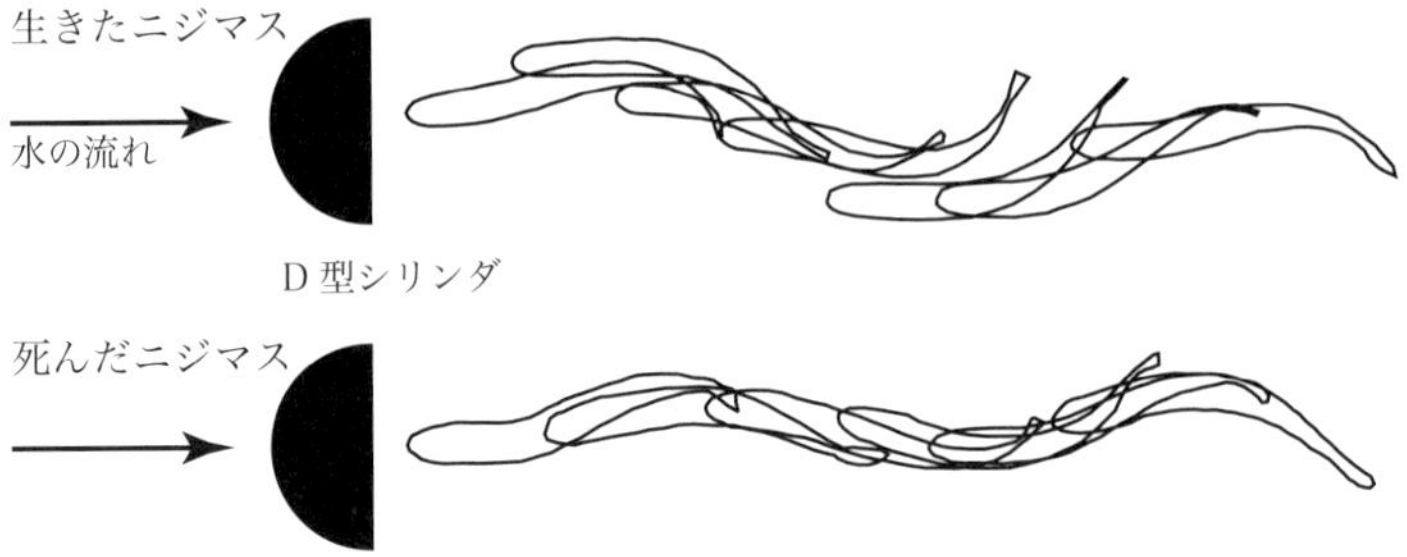

図3-5　カルマン渦中の魚の受動ダイナミクス（Liao et al., 2004より転載）

れは胴体とひとつづきで、波状に動く。他にも、コウイカやヒラメ、エイなどは、両側に波打つひれをもっている。デンキウナギ目に属する種は、腹側の長い波状ひれ（undulatory fin）一本だけで前進だけでなく後進も器用に行う。これを模倣した水中ロボットも開発されている（Low, 2009）。ひれの利点は、プロペラのように単に水を後ろに送るというだけでなく、後退や旋回など三次元的な動きができることだ。また、かたいプロペラは接触するものを巻き込んだり切り刻んだりしてしまうが、ひれではその心配もない。さらに、ひれは無限回転しないので、胴体と継ぎ目のない、なめらかな形態が得られる。

死んだ魚であっても、水流の中ではまるで生きているように尾びれをくねらせることが知られている（図3－5）（Liao, 2004）。身体の受動ダイナミクスと環境の相互作用の中に、身体のうねりが現れるのだ。筋活動だけを観測しても運動を理解できないことを端的に示すよい例である。水は空気よりずっと重くねっとりしていて、身体と、それを包みこむ流体との相互作用の影響が顕著だ。ひれの動きは、筋張力の変更による能動的な身体状態の変化と、水の流れの出会いから現れる。魚のひれを支えている細い骨状の構造は、一本一本根元の小さな筋で制御できるようになっていて、ひれ全体の形を能動的に変えられる。それと同時に、流れや渦との相互作用で、ひれは受動的にしなる。推進のためのなめらかな波状の変形を、単純な往復運動を弾性によって変換することで作り出す方法はとても合理的である。人間がダイビングのときに装着する足びれを思い出してほしい。人間の身体は波状にくねるには関節が少なすぎる、受動的なひれを装着して足をばたつかせるだけで、適度にしなる受動的なひれが水を押し出してくれる。ここで、波動と振動は同じ現象の二つの側面のようなもので、変形のダイナミクスを語るうえでは基礎的なものだ。

古典的な機械の設計では、機能を分解し、それぞれ別の機構で実現しようとする傾向がある。滑空にも推進にも使われる鳥の翼の機能は、飛行機では固定翼とプロペラに分解された。船の場合も、ひれの機能はスクリューと舵に分解された。そしてそれが人を乗せる機械を実現する要だった。要素分解は強力な手法だが、身体システムの理解には向かない。身体には無数の機能が宿っており、むしろ、機能とは設計されたものではなく、発見されるものだからだ。ソフトロボティクスにおける生体模倣は、要素還元的アプローチと対比して、連続的な身体の上で、機能を重ね合わせたまま分解しない手法である。その方法論はまだ確立されていない。理論が追いついていないために、生物模倣から開始している、という点で、ソフトロボティクスは初期の有人飛行機の開発に似ているかもしれない。ソフトロボティクスの挑戦のひとつは、機能的な変形をデザインすることだが、その素朴な目標は、実は高度な技術を必要とし、現代になってやっと試すことがゆるされたフロンティアなのである。

Ⅳ章 やわらかさの広がり

やわらかさを使いこなすことは難しいと思われているが、うまくやっている実例もある。ソフトメカニズムが、どこでどのように使われているのかみてみよう。実用にあたって、やわらかいロボットは軟体ロボットにかぎらない。風船やおりがみを基盤にした、やわらかいロボットの新しい身体構造についても概観する。

1　役に立つやわらかさ

ソフトグリッパー

「ロボットは卵をつかめない」という言い方が一九八〇年代にあった。産業用ロボットのグリッパーは力を加減できないからだ。ひょっとすると、いまだにこれを信じている人がいるかもしれないが、単に卵をつかむだけなら難しいことではなく、実際には早々と解決した課題である。そっと持つのは接触力の問題なので、指に力センサを取りつけ、適切な力を保てばよいのである。そのとき、接触力が急激に変化しないように、指先にやわらかいものを貼るとよい。センサを使わないもっと簡単な方法は、指自体を、ちょうどよい弾性の板ばねで作って、やわらかくはさむことである。

工業的に広く使われているグリッパー（把持装置）は四種類ほどある。第一に、親指と人差し指でものをつまむように、二つの対向する指で挟んで摩擦力で支える単純グリッパー。第二に、負圧で吸いつける真空グリッパー。第三に、鉄系材料をソレノイド（電磁石）で吸い付ける磁力グリッパー。第四に、紙やフィルムなど薄いものを静電気で吸い付ける静電チャック。ここまで、ロボットハンドではなくグリッパーと呼んできたのは、つかむ機能をもった装置ではあるものの、その原理は「手」とはかなり異なるからだ。

単純グリッパーの発展形として、人間の手に似た多関節多指ロボットハンドがある。人工の手としての多指ハンドはロボット研究の初期から無数に作られてきた。しかし、工業的に使われているのは先に挙げた単純な機構ばかりである。三本指や五本指のロボットハンドも市販されているが、研究開発用にかぎられる。ワーク（把持対象の物体）がある程度特定された工業用途では、複雑で力を出しにくく、高コストの多指ハンドは使いづらい。そしてなにより、人間の手に似た機構があったとしても、それを人工知能が器用に動かすことが、今の技術では難しいのである。人間の手の器用さというのは、人間の高度な視覚・触覚の情報処理と経験知によって成り立っている。人間の手を機械で再現しようとすることさえ、現状の技術では難しく、金がかかる。人工の手を作ることができれば、万能グリッパーになるという素朴な思いつきは、それほどうまくいかずに終わることが多い。人間に似た多指ハンドが役に立つ例としては、義手のように装飾的な意味を含む応用がある。また、身ぶり手ぶりでの表現や、じゃんけんのようなジェスチャであれば、把持や操作が必要ないので作りやすく、ヒトの形をしている理由がある。

産業用ロボットと卵の話は、別の難しい課題を示唆している。ロボットが「卵は割れやすいもの」という経験的知識をもつこと、卵を割ってしまったときに適切に対処することである。カメラ画像から卵を認識するだけであれば、実世界画像からの一般物体認識というコンピュータビジョンの枠組みで解決できる。とくに、深層学習という手法によって、認識の成績はかなり改善され、九割以上の認識率が得られるようになった。未解決のまま残されているのは、一般物体認識の後に続く「一般物体把持」というべき問題である。認識までは、運動をともなわないプロセスだが、把持というのはロボットが対象物体と力学的に干渉するという、一筋縄ではいかない現象なのである。

ジャミング現象

多指ハンドでも吸着パッドでもない、新しい把持機構が二〇一〇年ごろに発表され、注目を集めた。コーネル大学やシカゴ大学の研究グループと、iRobot 社が DARPA の助成を受けて共同開発したロボットグリッパーである（Brown et al., 2010）。変形する球状のグリッパーで、やわらかい状態で物体に押しつけ、形がなじんだところでかためて、いろいろなものをつかむ。かたさを能動的に変えるために、ジャミング（jamming）という現象を利用している。

ジャミング現象とは、粉状あるいは粒状の物体が集まったとき、自重や外圧で接触力が高

a. 粒ジャミング
(Brown et al., 2010)

b. 層ジャミング
(Ou et al., 2014)

図4-1　ジャミング現象
〔a. With permission of Hod Lipson, Columbia University　b. ©2014ACM〕

まって流動性を失い、「詰まる」現象である（図4-1a）。スーパーに行けば、挽いたコーヒー豆が真空パックされてカチコチになった例が見られる。ろうと状の口を通して穀物を取り出すサイロなどでも、ジャミングが起こって中身が落ちてこない現象が起こる。ジャミンググリッパーの実現には、粉を袋につめて空気を抜くとかたまるという基本原理に加えて、かたまったときに粉の間のすきまが減って体積減少が起き、なじんだ相手の物体を噛みこむことの発見が、必要だった。

ジャミンググリッパーは身近な材料で簡単につくることができる。ゴム風船にあらびきのコーヒー粉を詰めて、空気を抜くために太い注射器をつなげればよい。ひいたコーヒーはぎざぎざの形状で摩擦力が大きく、多孔質で軽いので、実際のジャミンググリッパーにも使われている。粒状であれば、ガラスビーズや砂、米やパン粉などでも、ジャミングを起こすことができる。

ジャミング現象は、粉粒にかぎったことではない。粒ジャミング（granular jamming）の他にも、紙やフィルムを重ねて真空に引くと、層間の摩擦が増してかたまる。これを層ジャミング（layer jamming）という（Kim et al, 2012）。粒ジャミングの欠点は、強度を出そうとすると、かたい膜の袋や、厚みが必要になり、薄い形や細長い形が作りにくいことだ。層ジャミングは、広い板を作ることができる（Ou et al., 2014）（図4-1b）。

ジャミンググリッパーは、開発者たちが創業したEmpire Roboticsというスタートアップで Versaball という名前で製品化された。しかし、この会社は十分に大きなマーケットを見つけることができず、二〇一六年にビジネスを閉じた。コストや耐久性のほか、他のタイプのグリッパーとの競争力不足が背景にあると思われる。なんでも持てるグリッパーは、逆に、このグリッパーでなければ持てない、という対象がなかったのである。

現在、アマゾンドットコム社が主催する picking challenge と呼ばれる物体把持コンテストにおいて、さまざまな物体を把持するのに最も成功しているグリッパーは、単純な対向二本指ハンドと掃除機を使った吸着の二刀流である。

コンピュータで、ディスプレイ上に表示する図形の色や形をプログラムするのと同じように、物質の色や形、かたさなどの物性を自由に書き換えられる想像上の物質を、プログラマブルマター（programmable matter）と呼ぶ。かたい・やわらかいを変更できるジャミング材料は、プログラマブルマターを部分的に実現したものとみなせる。ジャミンググリッパーは、プログラマブルマターの実用可能性を、説得力をもって示した例であった。ジャミンググリッパーは、特有の短所はあるものの、人間の手の模倣や、吸着といった従来のロボットハンドの枠組みを跳び越えて、やわらかさによる新しい設計を提示した。

やわらかいものを操る

やわらかいロボットの研究に先行して、やわらかいものを扱うロボットの研究がある。計算機の画像処理能力が十分でなかった一九八〇年代から、視覚情報を使ってひもを結ぶロボット（稲葉・井上、一九八五）など、やわらかい対象を扱う研究があった。ロープやむちのような超柔軟マニピュレータを使いこなしたり（Suzuki & Ebihara, 2007）、柔軟指で物体操作をしたりする（井上・平井、二〇〇七）ことも取り組まれている。やわらかい対象物の振る舞いをモデル化し、操ることは、やわらかい身体システムの扱いとも共通する。

布や液体、食品などの柔軟物は、状態認識と制御の両面で難しい。積み木などのかたい物体は、エッジや面の検出ができれば、少数のパラメータで状態が表現できる。状態がわかれば、つかむ・置く・重ねるなどの操作が可能だ。一方、柔軟物は複雑な形をしているうえに、その形も変わるので、モデル化が難しい。たとえば、水は不定形で、透明で、流動する。制御という面でも、たとえば洗濯物をたたむとき、布のある瞬間の三次元形状が認識できても、それを望みの状態にするための操作は自明ではない。

二〇一〇年頃、ゲーム用の「距離画像」センサ「キネクト」が発売され、ジェスチャ認識が劇的に簡単になった。同様の距離画像センサが発展して、やわらかいものを扱うロボットの研究は増えた。単純な距離センサというのは、環境のある一点――たとえばセンサを向けた壁のどこか――までの距離を計測するセンサである。距離画像とは、カメラで環境の光の分布を撮るように計測した、景色の奥行き情報である。多点で撮ることで、レリーフのように立体的な世界がみえてくる。かつてはひもを二次元の曲線で認識することが精一杯であったが、三次元曲面の認識が可能になり、ロボットは服をたたむことに挑戦できるようになった。現在、ロボットの目はカメラではなく高速多点レーザー測距センサに置き換えられつつある。

衣服をたたむロボットは、研究試作と市販製品のちがいを示すよい例である。洗濯物を代わりにたたんでくれる家庭用ロボットがあれば買う、という人は多いが、それが冷蔵庫くらいの大きさで、百万円を超える機械でも買うだろうか？　技術的に可能であることと、家庭用ロボット製品として成り立つことは、大きくちがう。工場で一種類のシャツをたたみ続けるロボットと、家庭で雑多な衣服をたたむロボットでは、まったく別の話だ。万能機械は高価である。衣服は形も材質もバリエーションが多く、認識と操作の計算処理は複雑になる。服を複数回の操作でたたむという作業を遂行するには、多自由度のアームが必要だろう。たたまないですむ衣服の開発のほうが近道かもしれない。対比して、自動洗濯機の成功は、衣服を洗うという一見難しい手作業が、洗剤液の中で衣服を攪拌することとほぼ等価であるという発見による。食器洗浄機も同様である。

食品の操作もニーズは多い。食品は、咀嚼や消化に適した、やわらかい物体だ。食器や食具をもつ握力がない人、手がふるえてしまう人、腕が動かせない人の食事支援はロボットでの実現が期待される機能のひとつである。しかし、人間の模倣というかたちでは難しい課題で、未解決だ。食品がすべてチューブから押し出せる流動食であれば問題は簡単になるが、食事の楽しみは失われる。ほかに、弁当詰めなどに必要な食品をつまみあげて別の場所に置く動作も、かたい機械部品をつかむこととはちがう難しさがあり、現在は人手によるところが大きい。食品を扱う自動機械で成功を収めているのが、寿司ロボットである。といっても、作るのはしゃり玉だけだ。ネタをのせるのは人間にまかせるという割り切りによって、回転寿司チェーンなどで使える実用的なシステムになっている。米飯は、不定形でねばりがある柔軟物だが、自動機械でも扱えるのである。

食肉加工も、まさに生物のやわらかい身体と対峙する作業だ。家にチキン解体ロボットや魚おろしロボットは必要とされないだろうが、安全と衛生と生産性が求められる食肉産業にとって機械化は価値がある。実際に、チキン骨付きもも肉全自動脱骨ロボットが、食肉加工の現場で使われている。

やわらかいものを人間のように巧みに操ることは、いまだに技術的チャレンジとして残っている。おそらく、記述可能なルールで構成された知識で明快に解くアプローチに望みはなく、身体を通じた実際の経験データに基づく感覚・運動ループの獲得が必要だろう。

人工知能は、論理推論や文法解析など高度で知的と思われる記号操作を早々とクリアした一方で、幼児のように世界をみて簡単な常識を獲得することはまだまだ実現できていない。同様のことが、ロボットの運動スキルにもいえる。溶接など、決まった動きを正確に繰り返す作業はロボットで実現されたが、初めてみるおもちゃをもてあそんだり、すべり台を登り下りしたりすることは難しい。最後まで自動化されない人間らしい作業というのは、洗濯ものの山からシャツや靴下を拾い上げ、たたんでたたんすにしまうことや、おかずをおいしそうにみえるように弁当箱に詰めることなのだ。

ロボットのぜい肉

製品としてのロボットの大半は産業用のロボットアームである。工場で働くロボットは、かたいロボットの代表である。産業用ロボットが普及してから数十年が過ぎ、さまざまな作業の自動化（automation）あるいは機械化（mechanization）が進んだ。残っているのは、いまのところ人間にしかできない作業、そしていまのところロボットにやらせるにはコストがかかりすぎる作業だ。少しずつロボットにできることは増えているが、人が働かなくてもいい世界はまだまだ訪れない。古い未来予測の典型例は、オートメーションが進み、箸を持つ必要もないような、人間がなまけものでいられる世界だった。しかし、いまとなってはその完全自動化という世界観そのものがまちがっていたように思われる。

完全自動化という考えから転換して、二〇〇〇年代になって、人間と一緒に働けるロボットが注目されるようになった。人間とロボットが並んで作業するためには、まず安全を確保しなければならない。強力なロボットアームを設置する際には、労働安全衛生規則で安全柵の設置が義務付けられているが、それでも国内で年間数件の死亡事故が起こっている。柵や囲いが必要ない「弱いロボット」とは、規則上では定格出力80W以下のロボットと定められている。ただし、それは力だけの原始的な安全性でしかない。国際標準化機構（ISO）の規格に基づく日本工業規格（JIS）の改訂によって、ようやく協働ロボットのためのリスクアセスメントが明確になりつつある。

力が弱いことと並んで、本質的な安全性を提供するのが、やわらかさである。近接センサ

図4-2　柵に囲まれたロボットと触覚のある人間共存ロボット

やカメラなどで人間を検知して動きを止めることは安全対策のひとつだが、万一ぶつかっても人を傷つけないのであれば、より安心だ。人間であれば体が何かにぶつかればすぐに気づくが、産業用ロボットはそうではない（図4-2）。かたいロボットの身体は、いわば骨がむき出しのようなもので、しかも、その硬質な構造には神経が通っていない。工場の柵の中で、人間や他のロボットとぶつかることがない環境では合理的な設計だが、やわらかく傷つきやすい隣人、つまり人間と作業するなら、骨だけでは危険である。接触や衝突が起こる場所にはやわらかさが必要で、そこには敏感な皮膚と、接触力をやわらげる肉が必要だ。ついでに言えば、やわらかさに付随する密度の低さ（＝軽さ）や、外形の丸みも、安全安心の要素である。

　触覚をもったロボットもたくさん開発されている（Argall & Billard, 2012）。ただし、肉はなく、骨格に皮膚を直接かぶせたような構造が多い。皮膚は薄いから、接触をただちに検出するが、接触力をやわらげる機能はない。人間を抱き上げたり、人間とハグをしたりするロボットには、やわらかい肉質が使われる。

人間の肉とは、皮膚と脂肪と筋肉の複合体である。やわらかい人工筋肉の開発が進展すれば、場所をとるぜい肉ではなく、運動や感覚の機能を統合したスマートな肉によってやわらかい身体を作ることができるだろう。

2　新しい身体

インフレータブルロボット

世界中のヒト型ロボットの研究者が年に一度集まる学術国際会議がHumanoidsだ。二〇一五年、そのHumanoidsの会場の一角、小さな会議室で「ベイマックスは作れるか？(Can we build Baymax?)」というワークショップが開催されていた。ベイマックスとは映画「Big Hero 6（邦題『ベイマックス』）」に登場するやわらかい風船ロボットだ。会議室の前には、実物大のベイマックスが空気を吹き込まれて立っていた。司会は、ディズニーアニメーションスタジオがもつディズニーリサーチという研究所の研究者で、多リンク系の運動学や動力学の研究で著名な山根（Yamane, K.）だ。続いて、ベイマックスの実物大人形

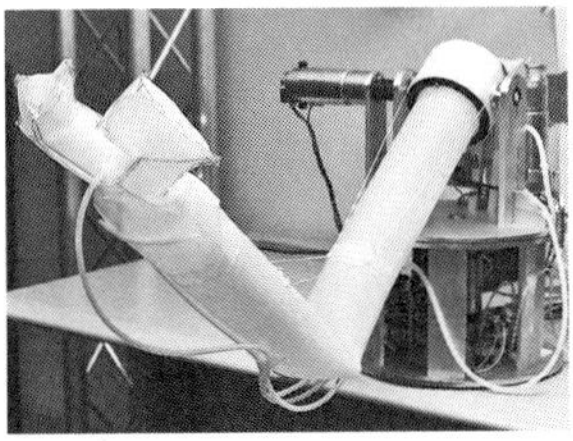

a. インフレータブルロボット
(Sanan et al., 2011)

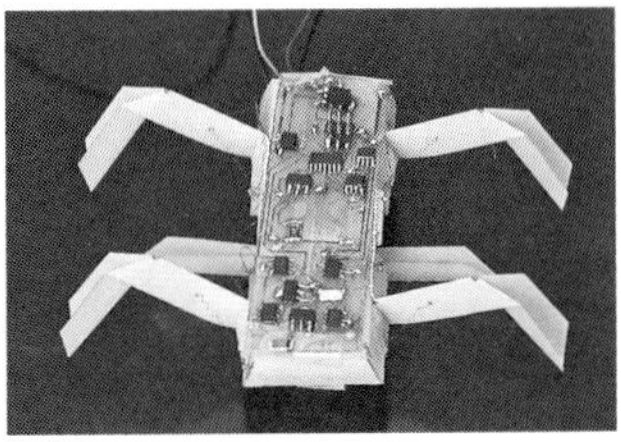

b. おりがみロボット
(Onal et al., 2011)

図4-3　新しい身体構造をもったソフトロボット

〔a. 出所　http://www.cs.cmu.edu/~cga/soft/pdf/sanan-thesis.pdf　with permission of Chris Atkeson, CMU　b. With permission of Daniela Rus, MIT〕

の空気が抜けて傾いてしまうことに文句を言いながら話し始めたのは、カーネギーメロン大学（CMU）ロボティクス学科のアトキソン（Atkeson, C.）だった。

ワークショップに先立つ二〇一一年頃、映画の公開の三年前、ディズニーのチームは新しい映画に出てくるロボットのアイディアを探すために、いくつかのロボット研究室を訪れていた。CMUも見学先のひとつであり、そこで研究されていたやわらかいロボットが映画で採用された。実際のロボット研究が先にあり、映画はそれにインスパイアされて製作されたのだ。

内圧で支えられた風船のような膜構造をインフレータブル構造（inflatable structure）という（図4-3a）。CMUのやわらかいロボットは、ロボットアームの剛体リンクを風船で置き換えたインフレータブルロボットだった（Sanan et al., 2011）。インフレータブルロボットはソフトロボットの一種だ。空洞で、内骨格系とも外骨格系ともいい難く、あえていえばイモムシの液体包骨格に近い。インフレータブル構造は、浮き輪やゴムボートのように、大きさの割に軽量で、空気を抜けばコンパクトになる。丈夫な気密シートを使って内圧を高めれば、かなり丈夫な構造を作ることができる。

インフレータブルロボットの、非常に低密度な構造は、あまり探索されたことのない新しい身体システムだ。とくに大スケールにおいて、設計と運動制御の興味深い課題が広がっている。

おりがみロボット

どんな形にでも変化できる物質があればという願いは、物性を自由にプログラミングできる仮想の物質であるプログラマブルマターの探索につながっているが、その実現はかなり難しい。三次元のプログラマブル「粘土」をめざす前に、プログラマブル「シート」や、プログラマブル「ロープ」を試すのは自然な流れである。どんな形にでもなれるシート状の素材、といえば折り紙がある。ロボットをシートから折りあげることができるなら、ロボットをシートの上に「印刷」できるかもしれない（Onal et al., 2011）。とくに興味深いのは折り目に動力が埋め込まれていて、自ら変形し、飛び出す絵本のように立体化するロボットである。あらかじめ決まった形になるおりがみロボットもあるが、飛行機型になったり、船型になったり、複数の形を選べるおりがみロボットも試されている（Hawkes et al., 2010）。NSF（National Science Foundation　アメリカ国立科学財団）の助成を受け、マサチューセッツ工科大学のラス（Rus, D.）が率いたPrintable Programmable Robotプロジェクト（図4-3b）では、おりがみロボットの構造を駆動源やセンサの配置と合わせて出力できるような「ロボットコンパイラ」のアルゴリズムや、熱すると山折り谷折りが自動で行われ、三次元構造を獲得するおりがみロボットの研究が行われた（Miyashita et al., 2015）。

折り目を自由にプログラミングできるおりがみロボットは、必要に応じて身体の形状を変えられる。生まれもった身体と一生付き合わなければいけない生物とちがって、身体構造を大幅に変化させるロボットの可能性がひらけるわけだ。与えられた身体の活用ということと同様に、望みの目的を達成する身体をどのように生成するかという問題を解くには、身体性についての深い理解が必要だろう。生体システムが取り組んだことのない課題であり、計算機科学とおりがみ理論の協働が必要な挑戦だ。

進化ソフトロボティクス

実世界で身体を更新するのは、生物ではゆっくりとしたものだ。まして、進化のスピード感を人間が体感することはできない。進化ロボティクスの分野では、計算機シミュレーショ

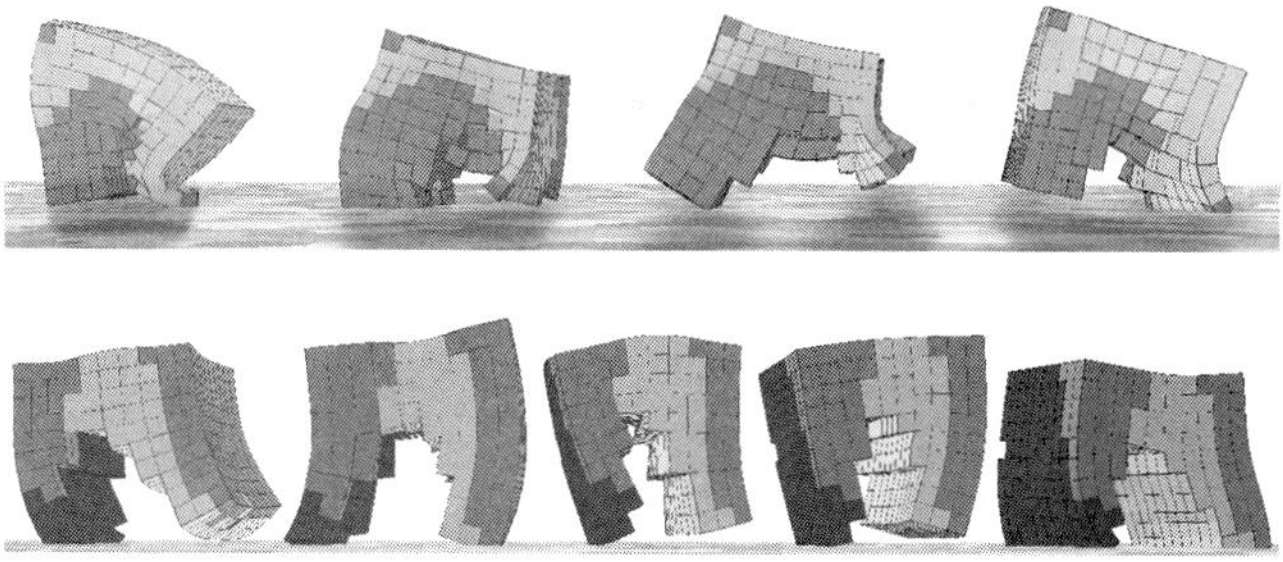

図4-4　進化ソフトロボット（Cheney et al., 2013より転載。©2013ACM）

ンを用いて、数百数千の人工生物が遺伝的アルゴリズムによって何世代も適応を繰り返した結果をみることができる。コロンビア大学のリプソン（Lipson, H.）らの研究グループで開発されたVoxCADというやわらかいロボットのためのシミュレータを用いて、興味深い研究が行われている（Cheney et al., 2013）。その研究では、細胞のような、やわらかい立方体の組み合わせでソフトロボットを表現する（図4-4）。移動量を最大化するような人工進化では、ひれや足のような構造を獲得し、走るようになった。あるいは、流体の中を、ひれを使って、あるいはクラゲのように泳ぐ個体が現れた。やわらかい身体には無数の可動部があり、その変形は人間の直感を超えている。ソフトロボットの設計ができるのはコンピュータだけなのかもしれない。ディジタルファブリケーションの技術が進めば、計算機シミュレーションの中で生成されたソフトロボットが、血肉を得て実世界に出力される日が近い。

計算機上の人工生命の研究は多いが、実世界でロボットが身体そのものを変化させることは、成長も生殖もしないロボットにとって実現が難しい。マザーマシンとしてのロボットアームが、用意された身体パーツを組み合わせることでさまざまな実ロボットを生成する研究が、ケンブリッジ大学の飯田らの研究グループで行われている（Brodbeck et al., 2015）。実世界上の行動結果を使って、モデル化の難しい弾性変形や摩擦をふくむロコモーションを人工進化させる意欲的なアプローチである。

バイオハイブリッド

生物に特有の、成長、自己修復、自己複製などの性質を人工物に取り込もうとする流れは加速しているように思われる。それらは柔軟材料と親和性が高く、必然的にソフトロボティクスと地続きである。生物規範型ロボットを手がけていたロボット研究者が、工学的な実装に見切りをつけて、タンパク質や、生きた細胞を使おうとするのは自然な発想だ。生体と人工物を組み合わせた、新しい形の機械を、バイオハイブリッドデバイスという。生きた組織や臓器を作る技術にもなり得るので、再生医療とも関係が深い。

バイオハイブリッドの課題は、生きた細胞の利用に関する倫理的な問題のほか、工学的アプローチと比べたときの進行の遅さがある。何万回もの試行が一晩で完了する計算機シミュレーションが、実ロボットで同じことをすれば大変な時間を要するように、人工物で安定して製作できるものが、生きた細胞を使うと非常に手間がかかるということはよくある。モデル生物としてマウスやショウジョウバエが使われる理由のひとつは、世代交代が早いからだ。生物の発生をなぞって、ロボットを人工細胞から培養するようなアプローチは、かなり先の未来になりそうだ。現在成功しているのは、積層や組み立てといったより工学的な方法である。

ここで再び、カレル・チャペックが『R.U.R.』の中で描いた、ロボット工場の光景が思い浮かぶ。そこでは、ロボットはカプセルの中でだんだん大きくなるようなものではなく、人工臓器を組み合わせて製造されるものだった。バイオハイブリッドが、ソフトロボティクスとどのように合流していくのか、まだ誰もわからない。生物学とロボティクスの協働の中で、きっと次のロボティクスの種子が見つかるだろう。

V章　動物のしなやかさ

軟体ロボット学と言い換えられる狭義のソフトロボティクスは、次には「かたさ」を取り込んでいくことになる。この章ではやわらかさとかたさをどのように組み合わせるのかを動物の身体から論じる。ソフトロボティクスは、ロボットにとってやわらかさがまだ珍しく強調する必要がある時代の言葉で、その行き着くところはやわらかさとかたさをうまく組み合わせたハイブリッドロボティクスだ。

1　やわらかい筋肉とかたい骨格

筋による身体運動

身体システムは重層的・多義的で分かち難いものだが、便宜上、機能分化がはっきりした器官の集まりをそれぞれ消化器系、生殖器系、循環器系、神経系などと呼び分けて腑分けする。器官というと、ウェットな内臓を連想するが、露出している手足も器官の一種だ。運動する器官だから、四肢を運動器と呼ぶ。筋骨格系とは、文字通り筋と骨格の組み合わせからなる運動器の様式だ。私たち人間を含む脊椎動物は、筋骨格系を運動の仕組みとして広く採用している。筋はやわらかく、骨はかたい。なぜこの組み合わせなのだろうか。

水中に暮らすタコやイカ、クラゲ、ウミウシなど、徹頭徹尾やわらかい身体をもつ動物の多様性には目を見張るものがある。一方、陸生の軟体動物といえば、ナメクジやミミズ、昆虫の幼少期のイモムシなど、かぎられている。水中は、息が苦しいけれど、浮力のおかげで重力は穏やかだ。陸上の重力環境で踏ん張るには、骨や殻が必要であることが察せられる。

生物の身体運動は筋運動を源としているので、動きとはやわらかい変形に端を発する。しかし、ナメクジやカタツムリの腹足を考えればわかるように、やわらかい変形そのものは微小で遅い。イカなどは軟体動物の中では特別に機敏な種であって、軟体動物の大半は不活発である。俊敏で活発な身体運動は、筋の張力に屈しないかたい骨を利用して、筋の変形を曲げや回転に変換することで可能になる。魚の背骨、動物の四肢でそれが起こっている。かたい骨格と、やわらかい筋運動の組み合わせが、運動する身体を特徴づけるのだ。

ここで、軟体ロボットの欠点が明らかになる。すなわち、やわらかいだけでは、水中でも陸上でも、変形を効率よく身体運動に変換して素早く動くことができない。また、陸上で大きな身体を支えられない。イモムシやミミズの動きと大きさがせいぜいなのだ。実際、現在までにつくられている軟体ロボットは、小型で、動きが遅く、非力である。

軟弱なロボットを改良するには二つのアプローチがある。ひとつは、生物が採用できなかった新しい素材や構造を用いて、やわらかいままで、俊足のイモムシや、強靭な陸生のタコを開発できる可能性だ。もうひとつは、この章で取り上げるように、やわらかさとかたさの組み合わせを探索する努力である。かたい部品を一切使わないロボットをめざすことは興味深いチャレンジだが、適材適所、必要なやわらかさとかたさを使い分けることがエンジニアの本分であろう。動的な身体には、かたさとやわらかさの調和があるべきで、それは形態にも現れる。

骨と殻、内と外

生物に見られるかたさとやわらかさの配置は、いくつかの様式に分かれる。脊椎動物の大多数は、かたい芯があり、そのまわりを覆うように筋が付着した内骨格構造をとる。内部の骨格は、典型的には棒状で、関節部は丸みを帯びる。一方、節足動物（カニやカブトムシなど）は、外側にかたい殻状の骨格をもち、薄い殻の内側の空洞に筋群が配置された外骨格構造をとる。筋骨格系といえば内骨格構造を指すことが多いが、広義には外骨格構造も筋骨格系の一種といえる。

人間の内骨格系と、昆虫の外骨格系を見比べてみよう（図5-1）。かたい骨格とやわらかい筋は共通で、レイアウトが異なる。内骨格系と外骨格系は裏返しの関係だ。腱・靭帯などの結合組織も重要な脇役で、内骨格系・外骨格系に共通して存在する。内骨格系の場合、筋がむき出しではいられないから、皮膚や毛皮、皮下脂肪が筋を覆う形で加わる。一方、外骨格系では、殻がそのまま皮膚を兼ねる。もちろん、これにあてはまらない身体様式もある。骨片と筋組織を混ぜ合わせたような外皮をもつ棘皮動物（ヒトデやウニなど）の身体構造がその代表例だ。

動物にとって、硬質な構造は、身体を支える以上に乾燥や外敵から身を守るための城や甲冑でもある。やわらかい肉質を内部に隠し、硬質な殻で覆いながら、殻の節目に可動部を備

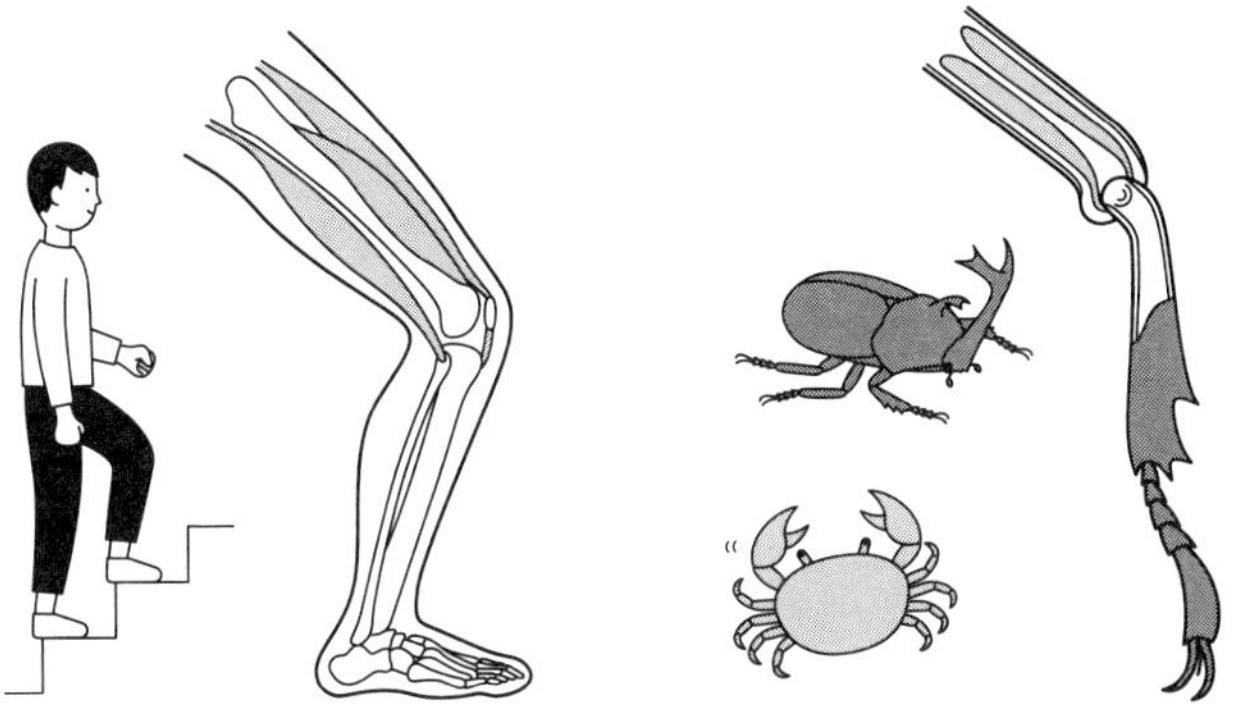

図5-1　筋骨格系の２つの様式

えた身体をもつ生物、つまり節足動物は大変賢明で、実際、大いに繁栄している。一方、そこには防御と運動性のトレードオフがある。また、甲冑のような器官をもつか否かは、成長速度や寿命にも関係している。殻を手放したイカは機動性に優れているが、殻を発達させた貝類はあまり動かない。かたい甲羅をもつカメは、動きの遅い動物とみなされている。かつて存在した外骨格をもつ魚類は絶滅し、現代の魚は軽くてしなやかなうろこを獲得した種である。可動性とかたさを両立させた構造が、短い骨をつなげた脊柱であり、うろこなのである。

ロボットの構造として、内骨格と外骨格のどちらが優れているかというのは難しい問題だ。人間サイズの昆虫がいない、というのは事実だが、外骨格型のヒューマノイドロボットが悪い設計であるという根拠にはならない。ロボットは進化のしがらみにはとらわれないのだから。おそらく、どちらの構造でも、うまく作ればその性能は拮抗するだろう。

内骨格の起源

動的な内骨格の起源は、脊椎の前身、脊索である。脊索は体を支えるやわらかい軸で、神経管と並行している。脊索の左右に筋節が並び、体をくねらせて泳ぐことを可能にした。現生の生物ではナメクジウオに見られる。一方、脊椎は、脊索がかたい脊椎骨で置き換わり、丈夫な柱となったもので、解剖学用語では脊柱と呼ぶ。脊索と脊椎の中間的な構造をとどめる現生種としては、ヤツメウナギがいる。脊椎動物の進化のなかで、内骨格は、遊泳のためのしなやかで丈夫な体軸として現れた。つまり、骨は筋肉の張力に対抗する支柱として形成され、脊椎動物の初期の筋骨格系は、身体をくねらせて進むロコモーションに使われたのである。骨が、重力下で身体を支えるために役立ち、身体運動に四肢の運動が編入されるのは、そのずっと後のことだ。

四肢の進化については研究と議論が続いているトピックである。四肢より前に、活発に遊泳する能力と並行して獲得されたのは顎とひれであった。鰓弓《さいきゅう》と呼ばれるえらの骨格を流用する形であごが形成されたと考えられている。ひれと肢の関係については、古代魚の胸びれと腹びれが、それぞれ前肢と後肢、つまり腕と脚に変化したことは確からしい。腕と脚は、プロポーションも機能もかなりちがっているが、骨の対応づけができるように見えるため相同な器官と思われがちである。しかし、進化のうえで、胸びれと腹びれの発達した時期は一致せず、肩甲骨や骨盤の元となる肩帯と腰帯の由来も異なっているようだ。発生の過程で、腕と脚で共通の遺伝子系が発現していることは確かめられているが、腕と脚がちがう形の同じ器官とは言いきれない。実際に、機能や、筋配置のちがいは大きい。進化生物学および発生学からの新たな知見が待たれる。

筋肉の歴史

アリからゾウまで、動物がアクチンとミオシンという同じタンパク質を使った駆動原理を共有していることは、驚異的である。動物園や水族館に行けば、筋運動をさまざまに工夫して使っている生物の様子が見られる。私たち人間は、光合成することができず、食べなければ死ぬタイプの生物だ。大型の多細胞生物の中で、他の生物を食べることで栄養を得ている生物群が筋肉と神経系を発達させ、栄養を自ら合成できる植物群が筋肉をもたないことは興味深い。運動とは、食べるため、あるいは食べられないための、捕食と逃避の能力なのだろう。人間はそれを、スポーツやダンスなどに活用している。進化の中で、筋肉はいつ現れたのか。

絶滅した古代生物がどのように動いていたのか復元できるとよいのだが、化石に残るのは歯や骨などのかたい組織が大半で、筋肉や神経系などのやわらかい組織の化石はほとんどない。そのような事情から、筋肉の進化の経緯は、骨に比べてわかっていないことが多い。「生きている化石」と呼ばれる種を含め、さまざまな現生種を横断的に調べることが主な研究手段となっている。ベルンシュタイン（Bernstein, N.A.）は『デクステリティ』（工藤訳、二〇〇三）の中で筋肉の進化について考察を行っており、それは一九六〇年代に書かれた著書であるにもかかわらず、すでに大まかな物語を描き出している。

現代では、遺伝子やタンパク質などの分子から、生物の系統進化を調べる新しい手法が、生物の系統樹を描きなおしつつある。そのような分子系統学の発展によって、生物の見た目は、系統樹を描き出す手がかりとしては頼りないものだということがわかってきた。遠縁の種が、よく似た組織や器官をもつことは時々起こり、収斂進化と呼ばれる。同じような見た目の生物でも、近縁とはかぎらないのだ。翼や翅も、ちがう種において、何度か独立に獲得された。

およそ二十億年前、植物、菌類、動物の共通祖先となる真核生物が現れた。真核生物のうち、植物の祖先は、シアノバクテリアを取り込んで光合成の能力を獲得し、動物と菌類の共通祖先とはちがう系統を歩みはじめた。生物の歴史の中で、菌類は、植物よりも動物に近い系統である。アメーバやゾウリムシなど、運動する単細胞の真核生物も多いが、ここで興味があるのは多細胞生物の系統である。植物、菌類、動物の祖先は水中で暮らす単細胞生物のまま系統分岐し、多細胞化はそれぞれに独立して起こったようだ。筋肉と神経系の遺伝子基盤の獲得は、動物と菌類の祖先が分かれた後のことだと予想されている。つまり、歩くキノコを発見するのは難しい。六億年前頃、先カンブリア時代末期に、多細胞化した動物の共通祖先は、水中で暮らす微小な軟体動物として多様化していったと思われるが、詳しいことはわかっていない。襟鞭毛虫のように、動物の近縁でありながら、精子が独立したような形態の単細胞生物もいる。

筋肉の中でも、身体運動の観点から興味があるのは、収縮速度が速い横紋筋（striated muscle）の起源である。整列したアクチンとミオシンが、顕微鏡下で縞模様に見えるのでこう呼ばれる。脊椎動物の骨格筋は、横紋筋である。クラゲの傘の筋も横紋筋である。クラゲやイソギンチャク、サンゴなどは刺胞動物と呼ばれる系統で、左右対称な体のつくりのヒトや昆虫より前に分かれた古い系統だ。ということは、ヒトとクラゲの共通祖先が、初めて横紋筋を獲得したのだろうか？

筋肉に特有の、巨大ミオシンフィラメントなどの遺伝子群を調べた分子遺伝学の報告によれば、見た目が似ているヒトとクラゲの筋は収斂進化の結果で、横紋筋の獲得は独立して起こったらしい（Steinmetz et al., 2012）。系統をさらにさかのぼると、筋肉や神経系をもたない海綿動物と同時期かそれより早くに分岐した有櫛動物（カブトクラゲなど）にも、横紋筋を獲得した種がいる。こうなると、横紋筋にかかわる遺伝子の原型はかなり古く、多細胞化する前の動物の共通祖先がすでにもっていたのではないかと思われる。実際、筋肉型ミオシンは、仮足によるアメーバ運動や、細胞分裂の際に細胞を二つにくびり切る収縮環など、筋細胞以外でも広く利用されている。

生物の歴史を追ってきたが、最後に「進化は進歩ではない」ということを強調しておきたい。進化の過程では、一度獲得した形質を手放すということもあり得る。当然だが、水から陸に上がり、後足で立ち上がることが進化ではない。退歩も進化である。進化に頂点はなく、無数に分岐した生物の現在があるのみだ。ロボットも、社会の「淘汰圧」にさらされ、多様化している。かたいロボット、やわらかいロボット、それぞれに異なるニッチがある。

引っ張りと圧縮

骨は丈夫でかたいのに、骨と対になって大きな力を発揮する筋肉は、なぜ柔軟でいられるのだろうか。それは、細長い部材の引っ張り強さは、圧縮強さよりはるかに大きいという性

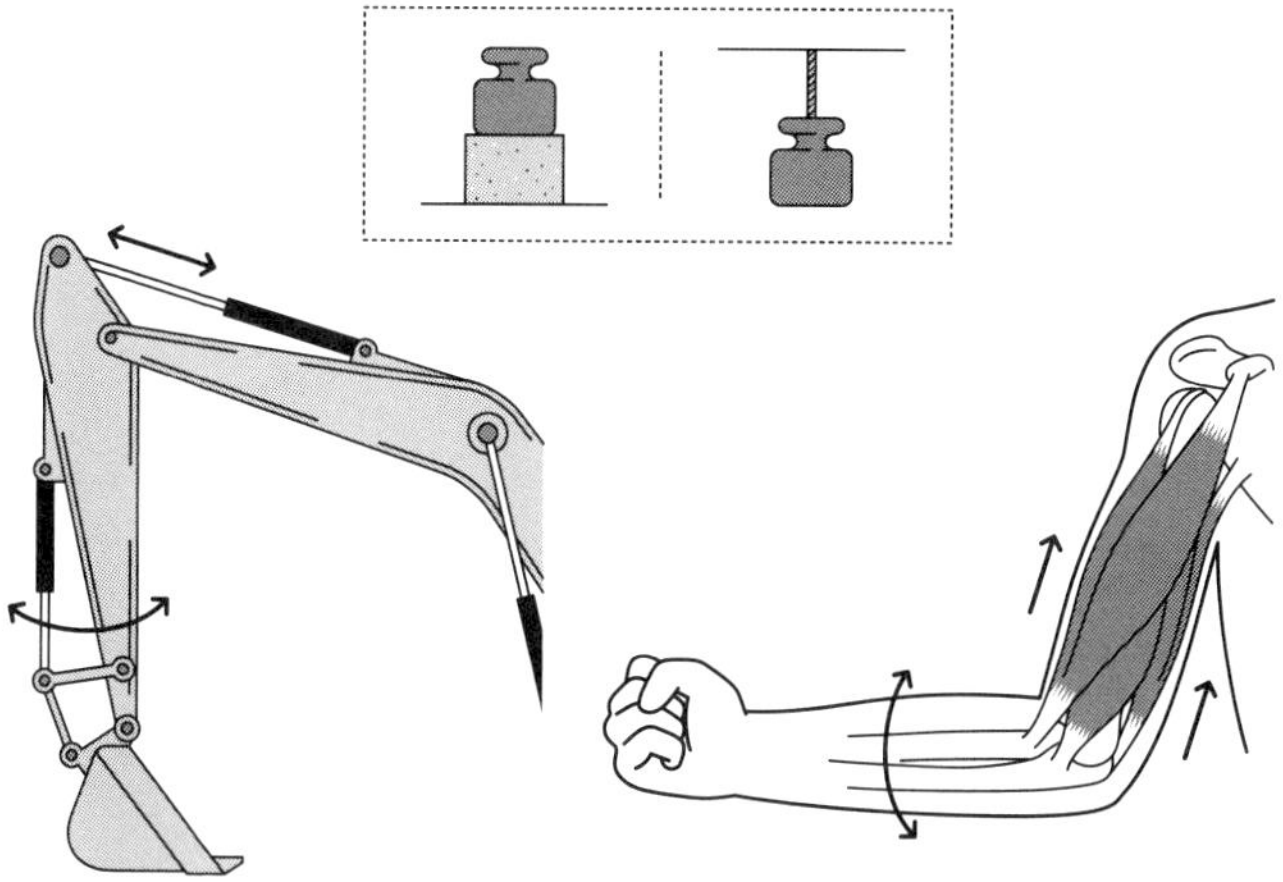

図5-2　引っ張りと圧縮

質による。これは材料力学でよく知られていることだ。たとえば、髪の毛は直径〇・一ミリメートルほどの繊維だが、一本で百グラム程度のおもりを吊ることができる。しかし、髪の毛を柱にしてなにかを支えようとしたら、試すまでもなく、簡単にたわんでしまうだろう。

細長い部材が、両端から圧縮したときに折れ曲がってしまう現象を、座屈と呼ぶ。座屈を防ぐには、構造を太く短くするしかない。筋肉が強さとしなやかさを両立できるのは、筋肉が張力の発生に特化した器官で、机の脚や、家の柱のように、両側からの圧縮に耐える必要がないからである。油圧ショベルカーの腕を動かすシリンダがかたく太いのは、押し引き両方を行うためだ（図5−2）。圧縮と曲げを受ける骨は太くなければいけないが、引っ張り力を伝えるだけの筋肉は、細く柔軟でいられる。

曲げは、引っ張りと圧縮力が複合的に加わる状況である。たとえば棒を曲げると、たわんだ部材の凸側の面は引っ張られ、凹側の面は圧縮される。強い構造は、結局、引っ張り・圧縮・ずれ（せん断）のすべてに耐えなければいけない。岩石やレンガは、圧縮に強く、引っ張りに弱い性質をもっている。鉄筋コンクリートが強いのは、引っ張りに強い鉄筋と、圧縮に強いコンクリートを組み合わせた複合材料だからである。

鉄橋などによく見られる、三角を要素とした骨組みをトラス構造という。たとえばアイス棒を連結して構造を作るとする。長方形では、力をかけるとすぐ歪んでしまう。三角形が一番単純で安定な形だ。トラスの力学計算を行うとき、部材の連結部は回転自由なピン結合とみなし、曲げが伝わらないと考える。そうすると、すべての部材は、引っ張られるか押されるか、軸力と呼ばれる力だけが加わることになる。

ちなみに、部材同士の連結を回転しない剛接合として、部材が曲げも引き受ける構造をラーメン構造という。トラスとちがって斜めの部材を省けるので、窓のような大きな開口部を設けるのに都合が良い。トラスは変形が少ないがっちりした構造だが、ラーメンは曲げで変形するので比較的やわらかい。トラスもラーメンも、棒材で構造を作るので、石やレンガを積むよりは少ない材料で大きくて丈夫な構造を作ることができる。

私たちはもちろん、身体システムを構成するような動的な構造に興味がある。強い構造は、引っ張りにも圧縮にもずれにも耐えるが、変形しない。筋骨格系の中で、骨はそれ自体が安定で強い静的な構造だが、筋肉との組み合わせによって動的に再配置される。

テンセグリティ

テンセグリティ（tensegrity）は、バーとワイヤからなる静的な構造で、棒が圧縮力を、ワイヤが引っ張り力をそれぞれ受けもって釣り合っている。引っ張り部材は、糸、ケーブル、腱、などと呼んでもよい。圧縮部材同士が隣接しないという条件で組まれるのが特徴で、ワイヤに吊られて宙に浮いたバーが独特の外観を作る。この構造は、一九五〇年頃にフラー（Fuller, R.B.）とスネルソン（Snelson, K.）によって提案された。

トラスも、テンセグリティと同じく、圧縮部材と引っ張り部材を連結した構造である。トラスのかたい引っ張り部材をワイヤで置き換えてみよう。ただ置き換えただけでは、荷重の条件によってはワイヤがたるんで、トラスは形を保てなくなる。うまくトラスを設計すると、引っ張り部材がワイヤに置き換わっても自己安定を保つ特殊なトラスを実現できる。それは、テンセグリティと呼ばれるものと同一だ。テンセグリティは、特殊なトラス構造である。テンセグリティの場合、ワイヤの両端が可動関節を兼ねるので、トラスの部材を連結する関節を省くことができる。ちなみに、ワイヤだけで作ったまったく別の構造もあり得るが、それはつるで編んだ吊り橋か、あやとりのようなものになる。

テンセグリティは、ワイヤをばねに置き換えることで弾性を取り入れることができる。また、各ワイヤの長さを注意深く変えれば、全体の形を調整することができる。しかし、部材の干渉が起こるので大変形は難しい。全体の釣り合いによって成り立っているので、局所的に変形させることも難しい。また、細いワイヤはどうしてもばねの性質をもつので構造の剛性を上げられない。テンセグリティは当初、軽量で意外な構造や、細胞骨格や筋骨格系との類似性から注目されたが、応用は限定的である。テンセグリティを身体構造として用いた幾何学形状のロボットもいくつか開発されているが、転がるテンセグリティを作ることが精一杯というのが現状である（Paul et al., 2006；Shibata et al., 2009）。

筋骨格系はテンセグリティにたとえられることがある。しかし、骨同士の連結がある筋骨格系は、明らかに、フラーが提唱したテンセグリティとは異なっている。圧縮部材が宙づりになっているオリジナルのテンセグリティを、クラス1のテンセグリティという（図5-3上）。少し条件をゆるめて、圧縮部材同士の連結を許したテンセグリティも考えることができる。これを、クラス2のテンセグリティという（図5-3下）。筋骨格系はクラス2のテンセグリティとも異なる。というのは、筋骨格系が筋運動の増幅に利用しているてこの原理そのものが、テンセグリティが排除する曲げを活用したものだからだ。筋骨格系を、無理にテンセグリティとしてモデル化する必要はないように思われる。また、テンセグリティでは、一つでもワイヤが切れたり棒が折れたりすれば、釣り合いが崩れてしまう。これは、冗長性を有する筋骨格系、および頑健性を旨とする生体システムとは相容れない性質である。とはいえ、テンセグリティは、動的な構造の例を示し、身体構造が家屋のような静構造ではなく、動的なネットワークであることを知るヒントになるだろう。筋骨格系にみられる骨と筋、腱、筋膜、靭帯などが形成するネットワークについて、より詳細に検討する必要がある。

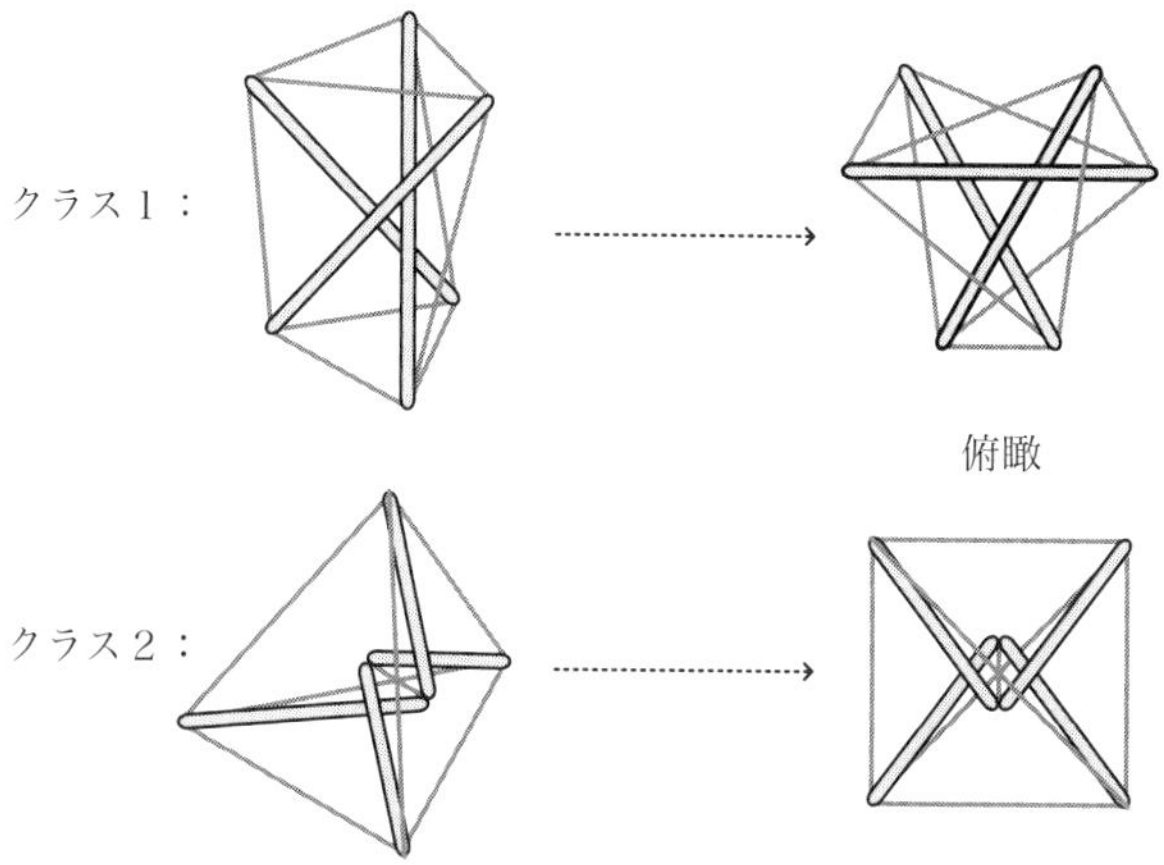

図5-3　テンセグリティの例

2　環境と呼応する筋骨格系

身体の成り立ち

機械とのアナロジーによる身体観は、かたいロボットによく表れている。それは、化石から恐竜の姿を復元するように、ばらばらのかたい部品を連結した、動く骨組みである。しかし、言うまでもなく、私たちの身体は一個の細胞から始まり、分化して成り立った一つの塊で、一度もばらばらであったことはない。

ソフトロボティクスは、身体を部品に分解せず、連続体のままで理解することをうながす思想だ。やわらかいロボットは、統合ではなく分化に基づいた身体観を提供する。動物の発生初期の身体は、未分化の細胞塊である。そこでは、骨とは周囲よりかたい部分であり、関節とは局所的にやわらかい部分である。骨格系は、かたさとやわらかさのパターンであると解釈できる。ヒトの発生でも、かたい骨がよく発達するのは生まれた後のことで、徐々に軟骨が硬骨に入れ替わっていく。新生児の骨はまだやわらかく、レントゲンにも写りにくい。発達途中の身体に播種された筋芽細胞は、細長く連なって身体の中にネットワークを作る。

枝分かれした多頭筋があること、複数の関節をまたぐ多関節筋があること、表情筋や内舌筋のように骨に結合しない筋肉があることなどは、筋ネットワークの接続パターンとして理解できる。以下では、筋骨格の具体的な様相をみていこう。

拮抗駆動と多関節筋

筋肉が発生できるのは張力だけである。引くことはできるが、押すことはできない。往復運動を作り出すためには、反対側から引いて戻す筋が必要になる。この駆動方式を拮抗駆動(antagonistic actuation)という。関節の曲げ伸ばしのために、複数の筋肉が対抗して引っ張り合う仕組みである。手を閉じるときと、手を開くとき、同じ指でも、はたらいている筋肉は異なっているのだ。

ひとつの関節を拮抗駆動するために最低限必要な筋肉は二本一対である。対向する筋二本での拮抗駆動は、関節の受動剛性の調節にかかわっている。ただし、実際の筋骨格系では、関節が二本一対の筋だけで駆動されることはない。並行する筋のほか、隣接した関節にまたがる筋肉が同時に作用するからだ。

ヒトの上肢と下肢の主要な筋肉をみてみよう(図5-4)。たとえば、ふくらはぎの筋のひとつ、腓腹筋の下端はアキレス腱を介して足関節に作用するが、上端は膝の裏を通って大腿

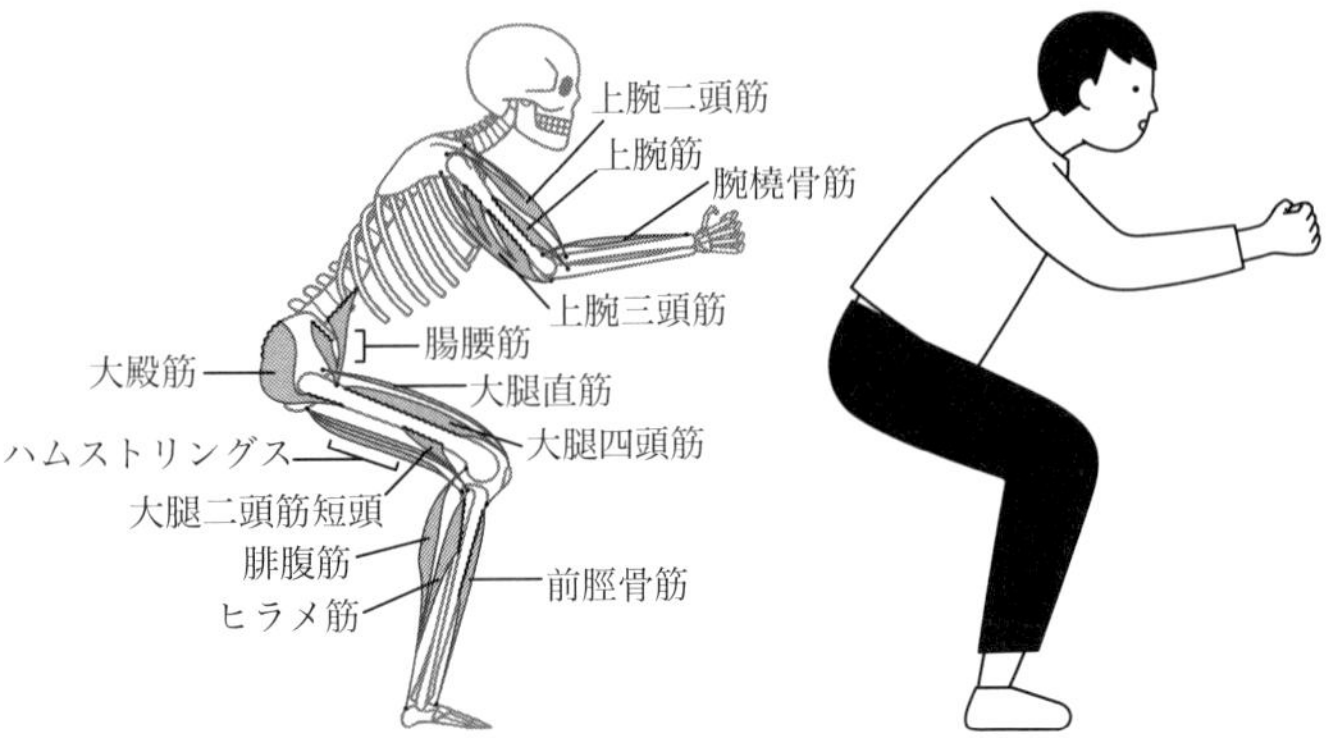

図5-4　上肢と下肢の主要な筋肉

骨に付き、膝関節を曲げる作用がある。このように、二関節にまたがって作用する筋を二関節筋（biarticular muscle）という。二関節筋と対比して、一つの関節のみに作用する筋は単関節筋（uniarticular muscle, monoarticular muscle）と呼ぶ。また、二関節以上の関節に作用する筋のことは多関節筋（multiarticular muscle）と呼ぶ。

二関節筋は、四肢のどの関節でも見られる。力こぶを作る上腕二頭筋も、肩関節と肘関節の両方の動きにかかわっている二関節筋である。あまり知られていないが、上腕二頭筋は、肩と肘ばかりでなく手首のひねりにもかかわっていて、正確には三関節筋である。肘を直角にして手首をひねると、力こぶが移動するのが見えるだろう。

さらに多くの関節にまたがって作用する筋もある。たとえば、脊柱起立筋は、椎間板を多関節構造と見れば、多関節筋といえる。筋から伸びた長い腱が、複数の関節にまたがって作用していることは、手足の指によくみられる。人間の指は、前腕からのびた長い腱で動く。鳥類の足の指を駆動する長い腱は、足関節を経由しており、しゃがんだときに足関節が曲がると腱が引かれ、連動して指が閉じるようになっている。足の指を動かす筋が、足先ではなく膝近くにあることは、足先を軽く細くすることに役立つようにみえる。

筋骨格ネットワーク

減速機付きモータで駆動されるごく普通のロボットの場合、一つの関節の制御ができれば、それを連結して多関節ロボットを作ることができる。つまり1＋1＝2が成り立つシステムである。なぜ隣の関節のことを考えずにすむのかというと、減速機が身体とモータを隔てているからだ。減速機は、モータの出力を身体に伝えているだけではない。逆に、身体のダイナミクスや、身体と環境の相互作用がモータにおよぼす影響を大幅に小さくしている。たとえば、モータ軸と身体をつなぐギア減速機の減速比が百であれば、モータに伝わる重力の影響は百分の一、慣性モーメントの影響は百の二乗分の一、つまり一万分の一になる。身体の状態変化が制御に影響しないのは、トップダウンに決まった動きをするには便利だが、それは、身体を通じて得られる環境の情報に鈍感であることも意味している。

筋骨格系は、そのうちの関節一つを取り出しても、その足し算では全身運動を理解できない系だ。筋骨格系では、もちろん筋と関節の間に減速機はない。そのせいで、手を伸ばす運動ひとつとってみても、なにか物を持っているかいないかで筋活動を細かく調整しなければならないし、肘を曲げているか伸ばしているかで肩の運動は影響を受ける。一方で、環境・身体・神経系の物理的なカップリングはより密になり、不確かな環境では運動の調整に必要な物理的フィードバックを受けて運動に反映しやすいだろう。筋骨格系を採用した身体システムの運動は、環境・身体・神経系の相互作用から現れる。

筋骨格系が、複雑なネットワークを成していることは、脊髄の神経回路の研究からも知ることができる。筋や腱にうめこまれた感覚器には筋紡錘とゴルジ腱器官がある。それらの感覚器から得られた筋収縮の速度や筋の長さの情報は脊髄に届き、比較的単純な神経回路を通じて筋収縮を司るαニューロンを調整する。ある筋の筋紡錘からの信号は、その筋の動作にフィードバックされるばかりでなく、他の筋の動作を促したり、抑えたりする。よく知られている反射には、筋が急に引き伸ばされるとその筋が収縮する伸張反射、引き伸ばされた筋と拮抗する筋の収縮を抑える拮抗筋抑制などがある。脊髄の反射回路は、教科書に掲載されている有名なものばかりではない。その促通と抑制のネットワークは、筋骨格の物理的ネットワークのレイヤーと重なって、筋骨格系の動作を律する。さらに、反射回路は中枢神経からの指令によっても調整されている。

普通のロボットの場合、ある関節の動きは、隣の関節とは独立である。人間の身体の隣接する関節は、骨でつながれているというだけでなく、筋によってもつながれている。さらに、神経回路によって、物理的には見えないつながりもそこに重なるのである。動物の身体システムには、多関節の協調が元から組み込まれているといえる。骨や関節が同じでも、駆動系・制御系が異なれば、システムの性質はまったくちがうものになる。ヒューマノイドロボットは人間に似ているが、それは骨と関節が似ているということで、ヒトの筋骨格系とは異なる身体システムである。

二関節筋のはたらき

二関節筋を通じて、隣接した関節間の運動は否応なしに影響し合う。二本一対の単関節筋が筋骨格系の基本要素であるという考えは、放棄したほうがよい。筋骨格系に特有の機構は、単関節筋と二関節筋の複合である。

機能解剖学は、二関節筋の機能の説明に苦慮してきた。どの筋がどの関節に作用しているかありのままに説明するだけでは、なぜ二関節筋が必要なのか、という疑問には答えられない。二関節筋がなくても、単関節筋だけで動くことはできるはずで、それはヒト型ロボット

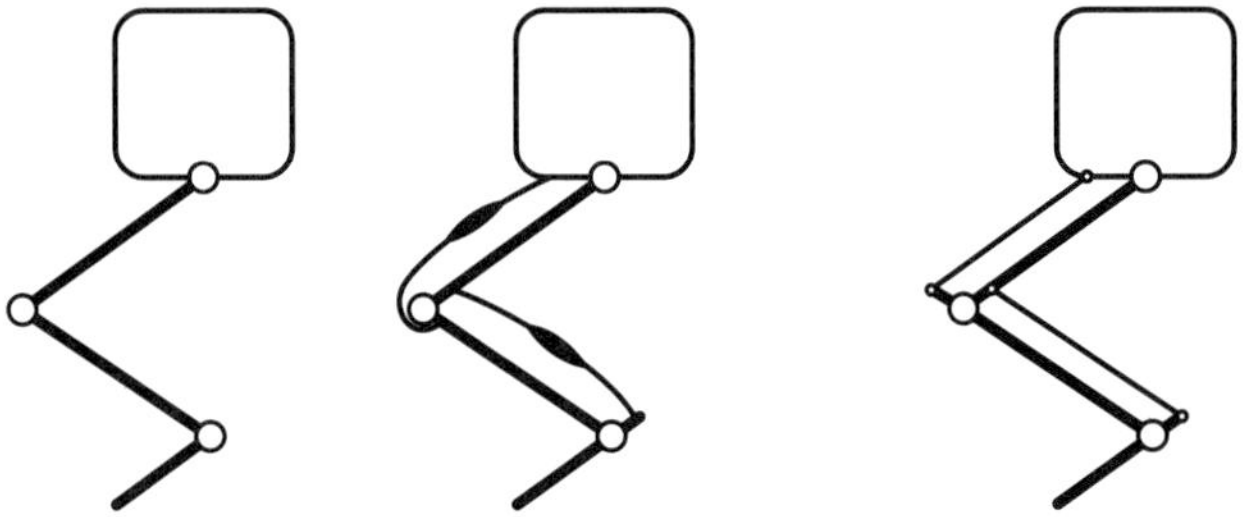

図5-5　リンク機構としてはたらく二関節筋

が証明している。人間の筋骨格系は冗長であるというが、それは自由度の点で冗長なのであって、むだな筋があるということでは決してない。二関節筋は、ユニークな機能をもつはずだ。

関節を伸ばすはたらきをする二関節筋には、腰と膝をつなぐ大腿直筋、膝裏とかかとをつなぐ腓腹筋がある。股関節が伸びると大腿直筋を介して膝関節が伸び、膝関節が伸びると腓腹筋を介して足関節が伸びる、という連動が起こる。このようなはたらきは、機構という観点からは四節リンク機構と解釈できる（図5-5）。直列の骨はオープンループなのだが、二関節筋を含めると四辺形のクローズドループが現れる。各筋が長さを一定に保つだけで複数の関節が連動することは、関節を一斉に進展する素早い跳躍に便利だ。腕の運動においても、単関節筋と二関節筋の複合である上腕三頭筋と上腕二頭筋が一斉に動作したときに起こるのはリーチングである。これらの、二関節筋によるリンク機構は、当然ながら、隣接する関節が連動する場合にのみ有効で、関節をそれぞれ別に動かしたいときには解除す

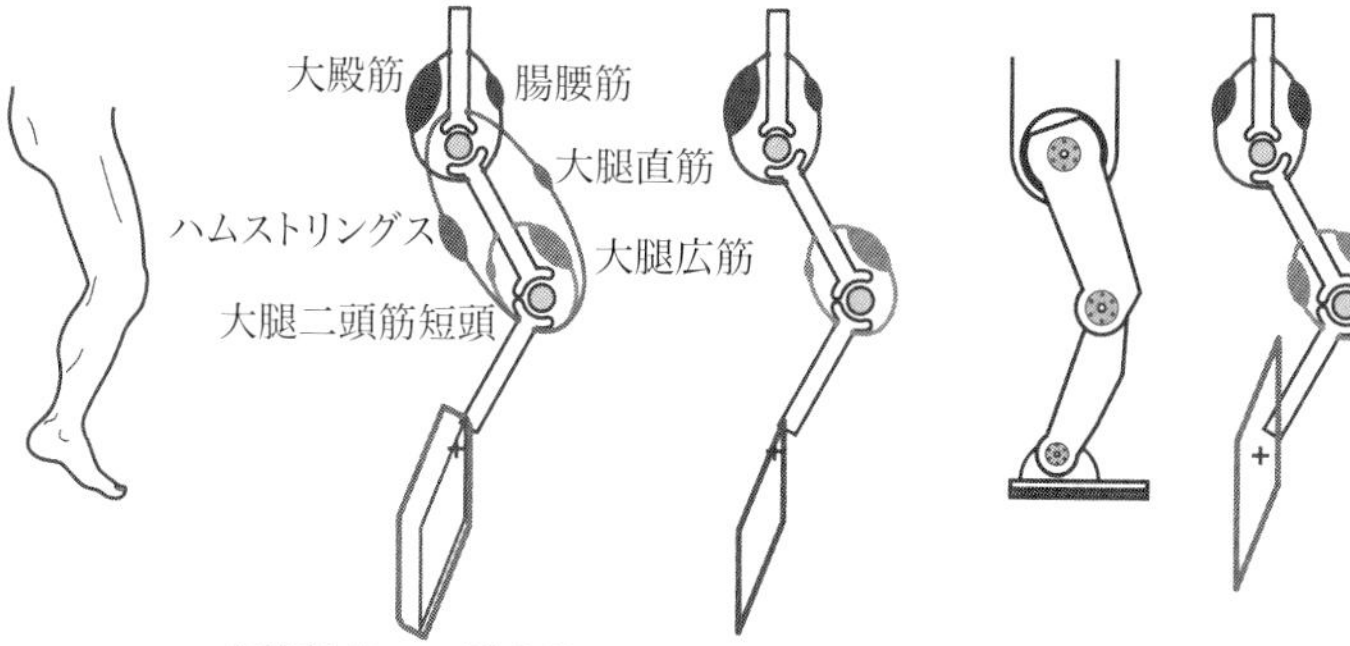

図5-6　二関節筋の有無による足先発揮力のちがい

る必要がある。

二関節筋の機能について、より明快な解釈を与えるのは静力学である。筋の張力は、骨格系によって変換されて現れる。複数の筋の張力が、手先あるいは足先でどのような大きさ・向きの力と釣り合うか計算することができる。これを説明するために、二関節三対六筋を基本構成とする考えが提案されている（熊本、二〇〇六）。二関節六筋のモデルは、筋骨格系の協調構造をよくとらえている。人間の脚の筋骨格系モデルが、足関節で各方向に出せる力の最大値をレーダーチャートで表してみよう（図5-6）。多様な運動を行うためには、小さい十字で表した足先で、それぞれの方位に発揮できる力の分布が、多角形で表されている。この発揮力分布が、なめらかな形状をしていることが期待される。

回転モータで駆動されるロボット型モデルは、モータが右回転も左回転も同じトルクを発揮するので、対称な拮抗駆動と等価である。足先発揮力分布を調べると、とがった平行四辺形をしていて、大きな力を出せる方向が偏っていることがわかる。また、重力下ではほとんど必要のない上方への発揮力が大きい。

人間の筋骨格系にならった六筋モデルでは、股関節と膝関節にかかわる主要な筋肉（大殿筋、腸腰筋、ハムストリングス、大腿直筋、大腿二頭筋短頭、大腿の広筋群）を考慮し、筋力比や関節モーメントアームは人間の値に近づけて計算を行った。足先で発揮できる力の多角形は、下方に大きく広がっている。これは、抗重力筋が優勢で、体を支えたり、地面を蹴ったりするときに大きい力を出せることを意味している。筋の太さが、需要に応じて割り当てられているのは合理的である。二関節筋（ハムストリングス、大腿直筋）を除去した四筋モデルでは、下向きの発揮力が優勢なのは変わらないが、多角形が前後方向につぶれ、平行四辺形になってしまう。とくに後方への広がりが失われているのは、ハムストリングスが担当していた蹴り出しの力を、十分に出せないことを示している。

単関節筋と二関節筋の両方を備えた六筋モデルでは、六つの基底ベクトルの組み合わせによって、足先で出せる力の輪郭は楕円に近くなり、どの方向へも力が発揮でき、方向によって極端に変化することがない。

筋力、つまり筋の太さは、日々の運動に適応して変化する。身体の発揮力のバランスは、変えることができるのだ。アスリートの身体は、筋力のプロポーションが運動に合わせて徐々に変化した結果だ。

筋腱複合体

筋肉はしばしばひも状の要素としてとらえられてきた。たしかに、張力のつりあいや、筋肉のどこに作用しているか考えるとき、ひものように考えると見通しがよい。ひもは、筋肉の中の腱的な側面である。しかし、筋肉は同時に肉的である。筋肉は繊維の束であり、筋のモーフォロジー（形態）は機能と結びついている。個性豊かな各々の筋肉は、均一なひもに単純化されるようなものではない。

筋肉・腱・骨は、互いに貫入して強く結びついている。生の鳥もも肉を思い出してほしい。食肉というのは動物の筋肉であって、いわゆる「すじ」と呼ばれている腱や腱膜は、肉と一体化しており、包丁で切り離すのが難しいことがわかるだろう。筋腱は機能的に不可分で、一体となって動作することが、バイオメカニクス研究から明らかになってきた。筋繊維の収縮だけでは説明できないダイナミクスをとらえるために、筋腱複合体（MTU: muscle–tendon unit, MTC: muscle–tendon complex）という概念がある。

身体の外から筋の能動的な活動を観察する古典的な方法は、筋電位の記録である。筋電位は、運動神経の発火が皮膚上に漏れ出た微小な信号だ。筋電位と関節運動の観察だけでは、実は、筋と腱の動きが区別できない。そこで、運動中の筋腱複合体を、超音波断層画像撮影装置で観察する方法が開発され、腱のよく発達した下腿の筋肉を超音波で観察する研究が行われた（Fukashiro et al., 2006）。そこからわかったことは、台から飛び降りて着地するとき、ふくらはぎの筋腱複合体は伸びるが、実際に伸びているのは主に腱で、筋は長さをほとんど変えず、腱を支えているということであった。筋は伸びるときも縮むときもエネルギーを消費する。一方、腱は弾性体であるから、伸ばされるときに弾性エネルギーを蓄え、縮むときにはそのエネルギーを利用できる。落とすと弾んで手元に戻ってくるゴムボールと同じで、これをエネルギー回生という。筋腱複合体の研究は、ダイナミックな運動で、見かけの関節運動と筋収縮が一対一に対応しないことを示している。

実際の筋肉では、筋繊維は三次元的に走っていて、腱もただのひもではなく、膜状になって筋の内部にまで広がっている。もっと踏み込めば、筋を仕切る筋膜や、他の筋や骨との相互作用も無視できない。下腿三頭筋と呼ばれるふくらはぎの筋肉を例にみてみよう（図5-7）。下腿三頭筋は腓腹筋とヒラメ筋からなる。腓腹筋は、大腿骨の最下部から始まって、膝の裏を通り、アキレス腱を通じてかかとにつながる二関節筋である。ヒラメ筋は、膝裏の下から始まり、腓腹筋と合流して、同じアキレス腱を通じてかかとに止まる単関節筋であ

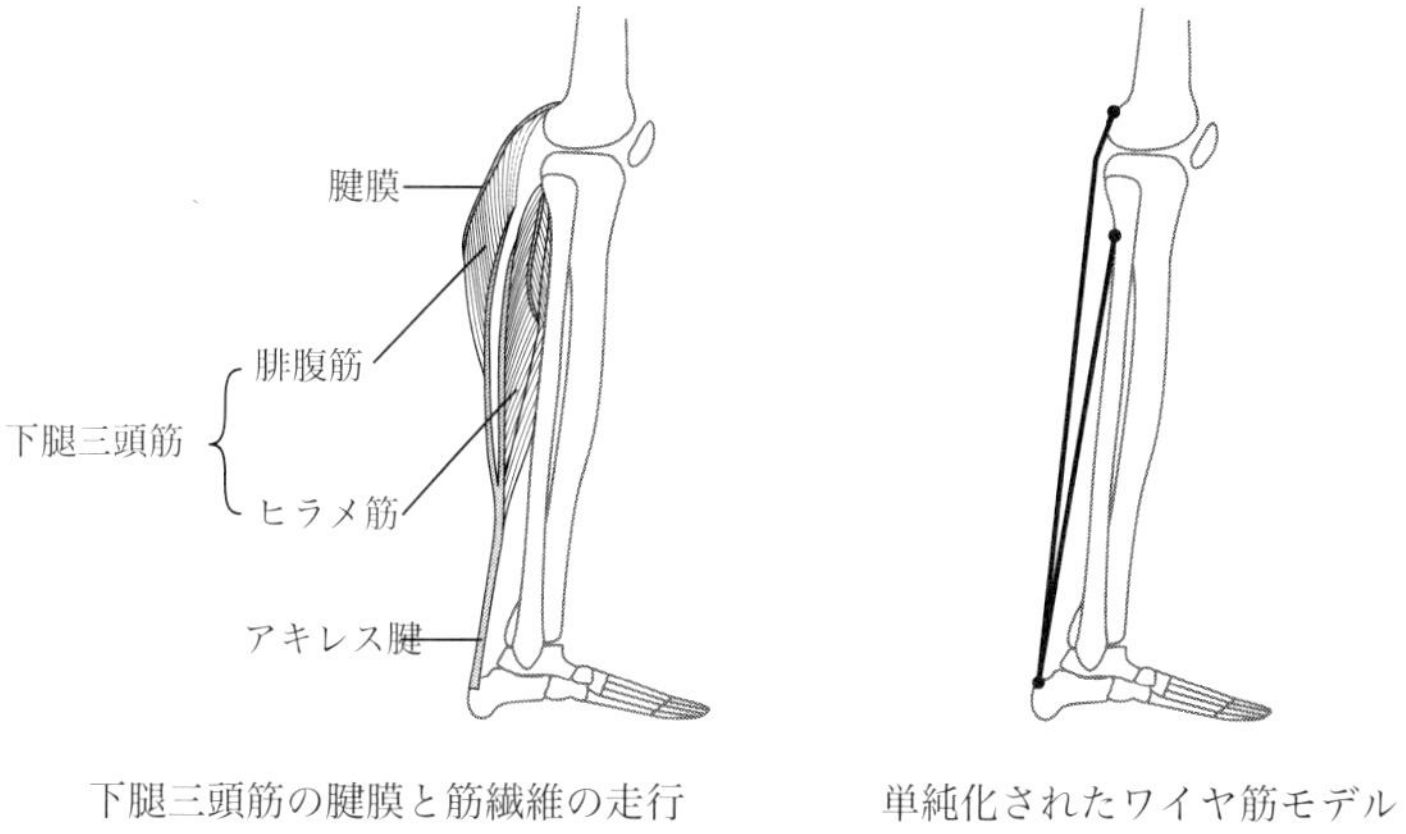

図5-7　下腿の筋腱複合体

る。

筋腱複合体としてのふくらはぎの筋肉の形態は、起点と始点を結ぶワイヤとしては表現できない立体的な構造をもっている。アキレス腱は枝分かれし、腱膜として薄く広がって筋肉の奥まで入り込んでいる。筋繊維は、腱膜の間をつなぐように束になっており、決して骨と平行ではない。ヒラメ筋の筋繊維の走行はとくに複雑で、複合羽状筋と呼ばれる。このような構造が、重力に抗って身体を持ち上げ、ひざ関節と連動する下腿を実現している。

筋腱複合体の動態はまだわかっていないことが多い。収縮要素と弾性要素の複雑な組み合わせは、ソフトロボットの、やわらかいかたまりとしての身体を、どのように設計し活用できるかについて示唆を与えるだろう。

Ⅵ章　筋骨格ロボット

動物のしなやかさの源である筋骨格系を、人工的につくる、という挑戦がある。動きを止め、観察するという方法で、解剖学は身体の形態・構造を詳細に記述したが、その動態はまだ十分には解明されていない。また、人の手でそれを再現するには、技術的に勇敢な態度が必要だ。動物の身体を人工物に翻訳するとき、やわらかさはどのように現れるのか、実践を通じて論じる。

1　動物をつくる

生物を模した機械

　ボストン郊外、二〇一〇年冬、雪の降るその日、あまり寒さを感じなかったのは緊張と興奮のためであった。私は、尊敬する脚ロボット研究者であるマーク・レイバート（Raibert, M.）から招待を受けてボストンダイナミクス社（Boston Dynamics）に向かっていた。きっかけは、ヒューマノイドロボットの国際会議の懇親会だった。マークの姿をみつけた私は、勇気を出して話しかけ、スマートフォンに入れてあった走る筋骨格ロボットのビデオを見せた。彼はその場で、一度会社に来てみんなに話をしてくれないか、と言った。真に受けた私はその晩にはメールを出し、会社訪問の約束を取り付けたのだった。私にとって重要だったのは、招かれてトークをする、ということだった。取材や見学ではなく、脚ロボット研究者として、こちらからも話題を提供し、議論するということだ。もちろん、名もない若手研究者に誰も名講演など期待していない。将来の可能性にいくらか投資してくれているのだ。ボストンダイナミクス社は、そのようにして、マサチューセッツ工科大学やカーネギーメロン大学でヒューマノイドロボットを研究している博士学生を積極的に招き、その後雇い入れるということをしていた。

ボストンダイナミクス社のメンバーに話をしたのは、空気圧で動くヒト型ロボットの、走行の研究である。ボストンダイナミクス社のロボットたちは油圧駆動である。空気圧と油圧は、流体圧で駆動するという点では仲間だ。トークの質疑で、なぜ空気圧が良いのかと聞かれて、私は「空圧は軽い割にパワフルで、それに、油圧は床が汚れやすい」と答えて笑いが起こった。油圧ロボットを作っている人たちの前で、ずいぶん失礼なジョークである。ガレージのような雰囲気の社内を見て回っているとき、大型の四脚ロボットLS3の油圧シリンダをなでて、マークは「私は油の匂いも嫌いじゃないよ」と言った。社内には、そのときはまだ社外秘の試作品だったヒト型ロボットのAtlasもあった。このロボットの脚は油圧ショベルに似た構成で、力制御のできる油圧シリンダで駆動される。機構としては人体とかなりちがった形式といえる。帰り際に彼が、走る脚ロボットをまったくちがう機構で作れと言われたらどうする？　と問いかけてきた。私は直感で、ダイレクトドライブモータだろう、と答えた。なるほど、同じ答えを出したやつがいる、チーターロボットを作ろうとしているマサチューセッツ工科大学のキム（Kim, S.）だと彼は言った。その二年後、私はそのキムの率いる研究グループに入ることになるのだが、そのときは知る由もなかった。

動物の身体を機械とみたてるなら、その機械を製作し、動物の動きを再現することはできるのか？　それはどのような技術によって？　エンジニアの答えは、時代によって変わるはずだ。レオナルド・ダ・ヴィンチが描いた解剖図では、筋肉はひものように描かれ、滑車とロープで動く機械を連想させる。ＳＦ映画に登場するロボットはもっと自由だ。原理のよくわからない人工筋肉を使ったロボットもあれば、油圧ショベルに似た、シリンダがむき出しの金属的なロボットもある。人間くらいの大きさの、俊敏でパワフルなヒト型ロボットを作ろうとしたとき、現在のところ、駆動源の選択肢はかぎられている。珍しい駆動方法もいろいろあるが、性能でいえば、油圧、空圧、電磁力が三大駆動源といえる。

生物とまったくちがう仕組みのロボットでも、コンピュータによる制御次第で、生物的な動きを再現できるという考え方もある。ASIMO のような典型的な二足歩行ロボットがやっているのは、足の置く場所を計画し、水平移動する重心の軌道を計算し、その重心を支えて「脚」に見立てた二本のロボットマニピュレータが交互に動くという方法だ。人間は、ヒト型ロボットが人間に似ているせいで、それを「歩行」と呼ぶが、見た目が一緒でも意味のちがうものである。それは、コンピュータが「りんご」と発話できても、りんごという概念をもっていないことに似ている。そのちがいは、想定された環境を逸脱したときに現れる。不確かさに備えるには、身体が環境にどうなじもうとしているかに耳を傾ける必要がある。

身体は、脳あるいは計算機の操り人形ではない。つまり、身体からの情報に基づく生成的な仕組みがないと、身体運動は非常に不安定な、応用の効かないものになる。身体に何ができるかを探索し、実践することこそが、脳神経系の役割だろう。この点で、御しやすい機構をエンジニアが考え、デザインされた動きを完全になぞることを念頭に作られたロボットからの、発想の転換が必要になる。人工知能が賢ければどんなロボットでも知的に操れるかというと、そうではないのだ。運動を生成する身体には、運動を演じる身体とはちがう特性が求められる。従来の制御の観点からは、扱いづらいと思われている、人工の筋骨格系を備えた筋骨格ロボットの研究を通じて、動物的身体の特長を探っていこう。

アクチュエータ

生物を模した機械を作るには、どんな動力源が必要だろうか。工学分野では、運動を起こす装置をアクチュエータ（actuator）と呼ぶ。ガソリンエンジンから人工筋肉まで無数の動力源があり、原理はちがっても同じ働きをするので、まとめて扱おうというわけだ。ショベルカーの腕を駆動する油圧シリンダもアクチュエータである。人工物にかぎらず、動物の身体を駆動する筋肉もアクチュエータと呼ぶことができる。このように抽象化することで、駆動原理のちがうさまざまな身体システムを横断的にながめることができる。

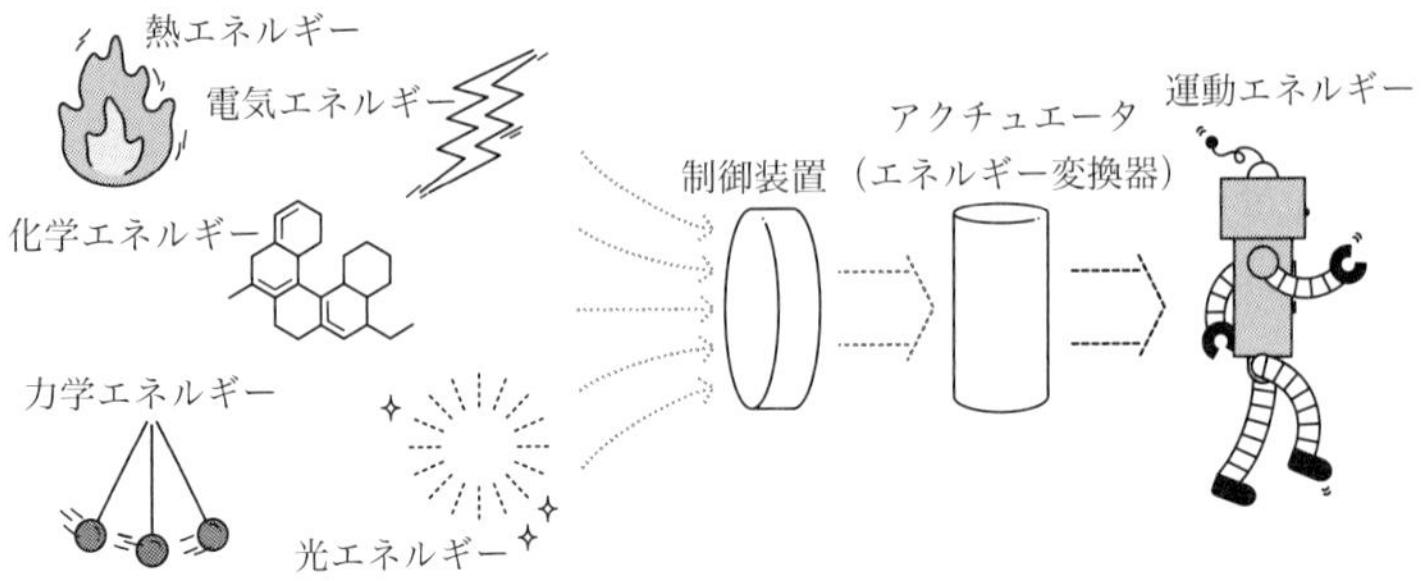

図6-1　アクチュエータはエネルギー変換器

アクチュエータは運動の起点だが、無から運動エネルギーを生み出す装置ではない。必ず他のエネルギー源を必要とする。ガソリンがなければ自動車は走らず、電池がなければモータは回らない。筋肉もATP（アデノシン三リン酸）という高エネルギー化合物を消費して動くものだ。そうして考えてみると、アクチュエータはエネルギーの流れの途中にある取次にすぎない。アクチュエータは、電気や熱など、さまざまな形態のエネルギーを、運動エネルギーに変換する装置なのだ（図6-1）。

世界の中で、エネルギーは流転している。ロボットが使う電気エネルギーを、ていねいに追ってみよう。大昔、植物が光エネルギーを使って作り出した糖が、石炭や石油に形を変えた。その化学エネルギーは、燃やすことで熱エネルギーに変わる。熱で水を沸かし、その蒸気で発電機のタービンを回すと、熱エネルギーは運動エネルギーを経て電気エネルギーに変わる。電気は電線で送られ、化学エネルギーとしてバッテリーに蓄えられてロボットに積まれる。それをまた電気エネルギーとして取り出して電磁力を発生させた末にモータが回転し、ロボットは歩く。

アクチュエータは、勢いを変えたり、いつでも好きなときに止めたりできなければ使いものにならない。アクチュエータはエネルギー変換器である。アクチュエータの制御とは、アクチュエータに流れ込むエネルギーの量を調節することだ。自動車のガソリンエンジンは、アクセルで燃料と空気の量を調節できる。油圧ショベルは、レバーを動かすとバルブが開閉して油の流量を変えられる。ヨットであれば、帆を傾けたり下ろしたりすると受ける風をコントロールできる。電磁モータが使いやすいのは、トランジスタを使えば、小さい電気信号で大きな電流を高速に制御できるからだ。新型アクチュエータが開発されたというニュースを聞いたら斜にかまえて、どれくらいの速度で制御できるか、制御するための装置が巨大ではないかと疑ったほうがよい。

身体システムが持続的に働き続ける、つまり自立するために、エネルギーの流れという観点が必要だ。これまで、形態や構造、力の釣り合いといった観点を提供してきたが、ここにもうひとつの視点が足されたことになる。

筋肉はすごい？

ロボットは、力の強さや動きの精度では動物に勝つかもしれないが、全身運動の巧みさしなやかさでは動物に遠くおよばない。ヒト型ロボットの動作は、せいぜい数十個のアクチュエータによるものだが、人間の動きは数百の筋肉の協調によってつくられている。筋肉は、人間が手にできたアクチュエータとはかなりちがっている。筋肉を人工的に作り出そうとする挑戦は古くから続いてきた。

サイエンスフィクションでは、人工筋肉がエンジンや電磁モータに代わって機械を動かしている世界が描かれることがある。現実的には、筋肉の長所と短所を考える必要がある。馬車が自動車に取って代わられた理由を考えれば、筋肉が決して究極のアクチュエータとはいえないことがわかってくるだろう。天然の筋肉は、血がよくめぐっていなければ動かない。つまり、酸素や栄養の供給、老廃物の排出のための周辺システムを必要とする面倒な組織である。続けて何回も動かすと疲労するし、乾燥に弱く、温度やpHの整った環境でしか動作しないデリケートなアクチュエータだ。動作も収縮にかぎられ、比較的遅い。効率や応答速度などの点では、電磁モータのほうが優れている。

筋肉のすばらしい点は、そのしなやかさのおかげで、骨格を包み込むように、ぎっしりと高密度に配置できることだ。箱に大小のかたいモータを隙間なく詰めろと言われたら不可能だが、やわらかい筋肉であれば空間をアクチュエータで埋め尽くすことができる。腕や大腿の断面を見ると、隙間なく筋肉が詰まっている（図6-2）。

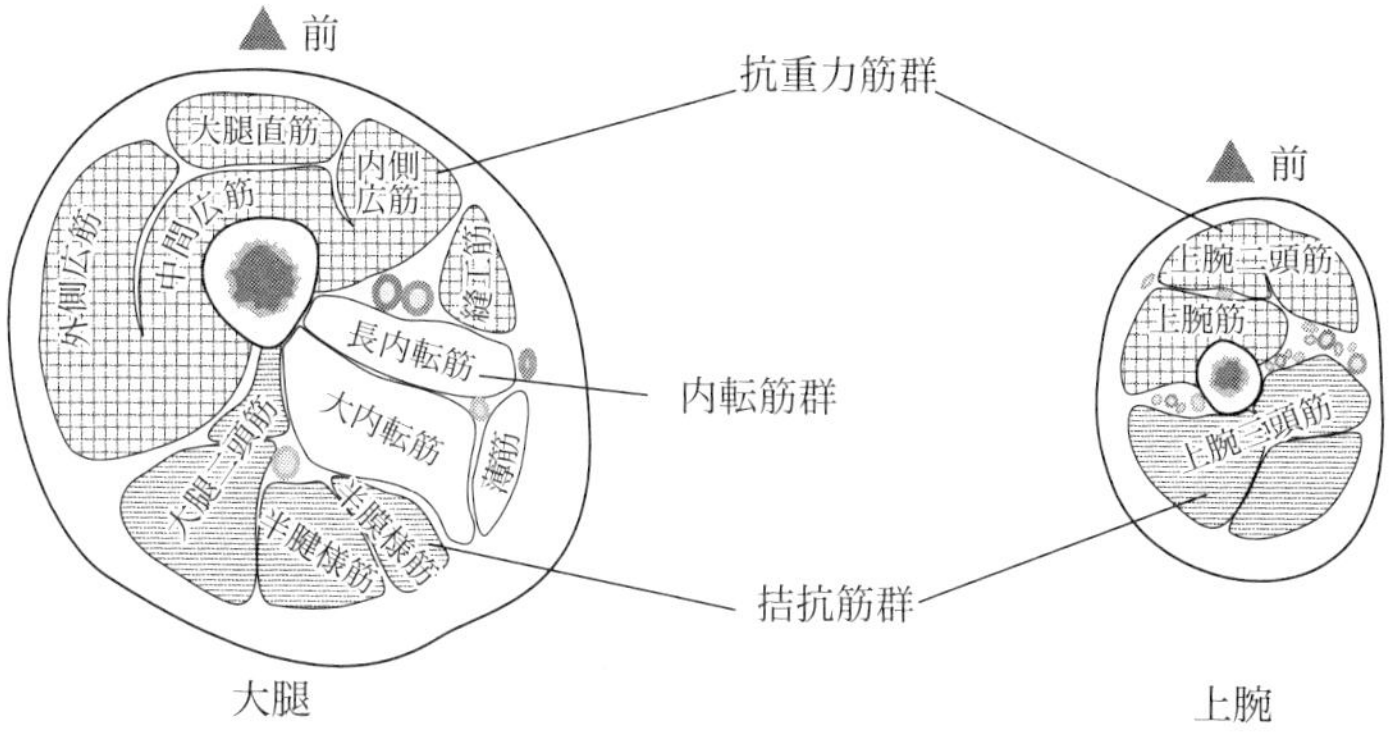

図6-2　上腕と大腿の断面と筋肉群

筋肉は、押し合いへし合いしながらも、膜を隔てて、滑りあって動くことができる。筋肉より強いアクチュエータは、油圧シリンダなどいくつもあるのにヒト型ロボットが人間のような力強さがないのは、同じ身体の大きさでも、アクチュエータの量がちがうからだ。

ロボットの場合、モータを足しても強くなるとはかぎらない。モータを増やせば増やすほど、重くなって動けなくなってしまう。つまり、アクチュエータ一つを足して得られる出力が、足したことで増えるアクチュエータと制御装置の重量に見合わないのだ。生体の筋腱複合体は腱と一体化しているので、張力を伝える伝動要素も兼ねている。いわば、自ら縮むワイヤの束である。そうすると、アクチュエータを足すことの副作用としての余計な空間や重量増などのオーバーヘッドが小さい。

アクチュエータを同じ原理のままどこまで小さくできるか、大きくできるか、あるいは数を増やしていったときにどこまで身体システムとして成り立つかを、アクチュエータのスケーラビリティという。筋肉は昆虫から大型哺乳類までカバーしているので、サイズのスケーラビリティに優れている。筋肉は骨格にやわらかく寄り添い、血のめぐる体内であれば無数に設置できる。また、自重を支える以上の出力をもっているので、数のスケーラビリティにも優れている。

疲れ知らずにずっと回り続けるとか、決まった往復運動をすばやく行うといった、普通の機械の運動であれば、筋肉より優れたアクチュエータはたくさんある。しかし、移動する多自由度身体という、特殊な条件を考えると、筋肉はたしかに優れていて、簡単にはまねできない。それゆえに、生物規範型ロボットを作る挑戦は、やわらかいアクチュエータを作るところから始まる。

人工筋肉

人工筋肉の実現に向けたアプローチは、やわらかいメカニズムの探索、機能性材料の開発、生きた筋細胞の利用に分かれるだろう。このうち、生体細胞をベースとした人工筋肉作成の試みは、再生医療などの応用では重要だが、実用化までにかなり時間がかかりそうだ。

高圧ガスで動く空気圧ゴム人工筋（PAM: Pneumatic Artificial Muscle）は、古くから使われている人工筋肉で、いくつかのバリエーションがある（図6-3）。たとえば、よく使わ

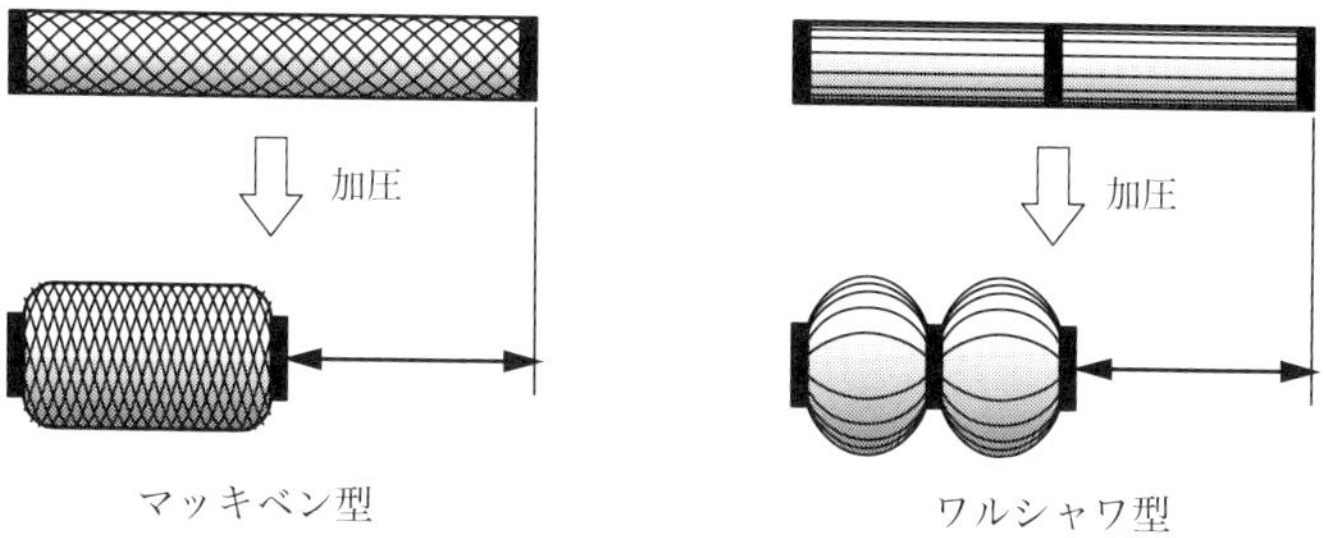

図6-3　代表的な繊維強化空気圧ゴム人工筋

れるマッキベン型人工筋（McKibben PAM）は一九五〇年代にリハビリ装具のためのアクチュエータとして発明された（Schulte et al., 1961）。人工筋といっても、構造はとてもシンプルで、風船に似ており、ゴムチューブに空気を入れたときに起こる膨張を利用する。ゴムチューブは、そのままではあらゆる方向に膨らむので、繊維で覆って径方向の膨張を軸方向の収縮に変換すると同時に、破裂を防ぐ。マッキベン型は網状の繊維をゴムチューブにかぶせるが、マッキベン型と同時期にポーランドで開発されたワルシャワ型と呼ばれるタイプは、平行の繊維をチューブに埋め込む（松下、一九六八）。これらの古くからあるゴム人工筋は、今でも少しずつ改良されている。

機能性材料を使ったアクチュエータとしては、形状記憶合金（SMA: Shape Memory Alloy）ワイヤがある（生田、一九九一）。製品になっているのはニッケルとチタンの合金で、「ナイティノール（Nitinol）」とも呼ぶ。SMAワイヤは、すこし伸ばしておいてから熱すると、元の長さの数パーセントほど縮む。これは、熱による結晶構造の変化によって起こる。ワイヤをコイル状にしておくと、力は弱くなるが、熱を加える前の半分近くの長さまで縮むことができる。SMA は過負荷に弱いのが大きな欠点だ。ばねであれば過負荷をかけても伸びるだけだが、SMA は過負荷をかけると自らの収縮力で結晶構造が壊れてしまう。そのせいで、拮抗駆動には向かない。

最近になって、ありふれたナイロン製の釣り糸でも、よりをかけた状態で熱を加えると縮み、人工筋肉として使えることが示された（Haines et al., 2014）。この釣り糸アクチュエータも、SMA も、熱駆動型アクチュエータ（thermal actuator）の一種である。熱アクチュエータの欠点は、動作速度が熱の伝わる速度に制限されてしまうことだ。加熱による収縮は速いが、放熱に時間がかかり、伸びが遅い。冷却速度は表面積と周囲の雰囲気の温度によるので、小型ロボット用の小さいアクチュエータであればすばやく動くが、そのまま大きくはできない。虫より大きいロボットへの利用はあまり望みがない。

制御性やエネルギー源の問題を回避して、手がたく人工筋肉を作る方法は、電磁モータでワイヤを巻き取る機構によって筋肉を模擬することだ。かたいモータを使う以上、前述の空気圧筋や形状記憶合金ワイヤのようにやわらかいアクチュエータは望めないので、腱駆動という特徴だけが残る。また、関節の屈曲には最低でも二つの筋型アクチュエータ、二個のモータが必要になるので、ただのモータ駆動よりも不利だ。性能よりも、筋骨格系の模倣という意味が強くなる。なお、電気式人工筋の製作には、高強度ワイヤの選定や、小型張力センサの組み込み、大出力モータの制御など、それなりのノウハウが必要だ。

そのほか、フレキシブルな静電アクチュエータを多数積層して出力の大きな人工筋肉を構成した例（Egawa & Higuchi, 1990）や、高速で強力だが変位の小さいピエゾアクチュエータの出力を機構で増幅して集積した筋型アクチュエータ（Ueda et al., 2010）なども提案されている。しかし、製作が難しく、他の人工筋肉と性能の点で優位性がないために、利用されていない。その他の新興のアクチュエータは試作段階にあり、性能、使いやすさ、コストなど総合的な観点から、多自由度の生物規範型ロボットへの利用は時期尚早のようだ。

アクチュエータは身体システムの重要な要素だ。単に筋肉を模しているだけでは意味がない。人工筋肉を使うことで初めて実現できること、解明されることを考える必要がある。

並進から回転へ

筋肉が起こすのは伸縮運動である。しかし、人間の腕は望遠鏡のように伸び縮みしたりはしない。動物の身体は回転関節ばかりだ。並進から回転への運動変換は、動物の身体運動のかなめである。この運動変換は、基本的にはてこで説明できる。普通のてこは大きな動きを

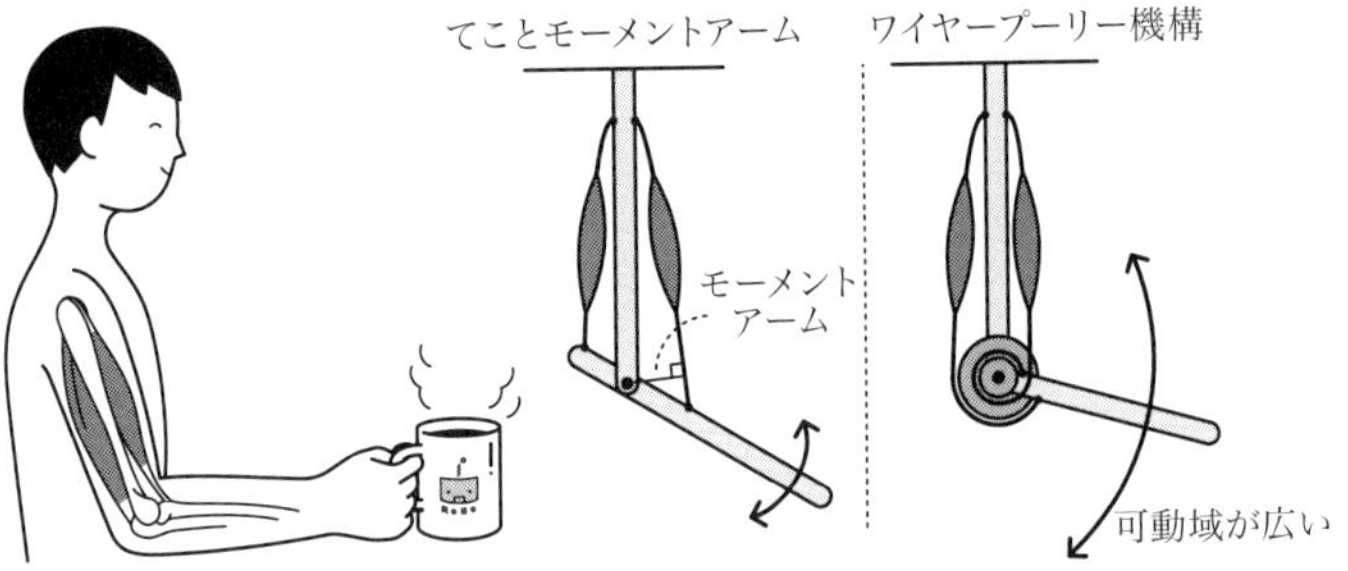

図6–4　筋の並進運動を関節の回転運動に変換する原理

小さな動きに変えるが、その逆で、小さい動きで大きな動きをつくるタイプのてこだ（図6-4中央）。関節の回転中心から筋肉の張力が通る線までの垂直距離をモーメントアーム（moment arm）という。関節まわりの回転モーメント（トルク）は、筋張力×モーメントアームで計算できる。これは身体運動のバイオメカニクスの基本である。

肘を伸ばしきったときのことを考えると、単純な棒とひもではモーメントアームがゼロになってしまい、トルクが発生できず、肘を曲げられない。実際の筋骨格系では腱が丸みのある関節に巻きついて、モーメントアームを保つようになっている。腱をワイヤに、関節の丸みをプーリー（滑車）に見立てると、これは機械工学におけるワイヤ・プーリー機構だ（図6-4右）。

ロボットでも、アクチュエータを関節から離して配置したいときには、ワイヤ・プーリー機構を採用する。ワイヤを使う利点の一つは、動力と動作部分を離せることだ。糸で操るマリオネットや、自転車のブレーキワイヤを想像するとよい。かさばる動力源を分離することで、動く部分をコンパクトかつ軽量にする効果がある。多指ロボットハンドでは、指の関節一つひとつに大きくて強力なアクチュエータを埋め込むことはできないので、ワイヤ駆動を採用することが多い。

ワイヤ駆動のもう一つの利点は、一本のワイヤで、同時に複数の場所に力を伝えられることだ。電磁モータは出力軸が一つ、駆動できる関節も一つで、歯車を使ってトルクを分配しようとすると複雑になる。ワイヤを一筆書きで張りめぐらせば、たくさん関節があっても連動させることができる。また、ワイヤを使えば、ソフトロボットの腕や足のような、関節のない連続体も曲げることができる。ワイヤ駆動は、無限自由度に作用できる方法なのだ。ソフトロボティクスでワイヤ駆動がよく使われるのはこの理由による。

生体でも、長いひも状の腱が手足によく見られる。手は、巧みなばかりでなく強い握力も出せるのに、骨ばってほっそりしている。これは、主な筋肉が肘から手首までの前腕に収納され、長い腱を通じて指を動かしているからだ。握力を鍛えるとは、手のひらではなく前腕の筋肉を鍛えることである。

動物の腕や脚の筋骨格系が、ロボットのワイヤ・プーリー機構と似るのは、脊椎動物とワイヤ駆動ロボットの「収斂進化」といえる。ただし、動物の筋骨格系でワイヤ駆動に近いのは、肘や膝など、一部の関節だけである。とくに、胴体や尻の筋肉は面状で、骨との結合も広がりをもっているから、ワイヤ駆動で実装しようとしても難しい。

ヒト型ロボットの股関節は、肘や膝のような一軸の関節を三つ直交させて再現するのが普通である。一方、人間の股関節は、自由に動く球関節がまずあって、そこに十個ほどの筋肉が、折り重なって作用する。筋肉がしなやかであるおかげで、これが可能になっている。逆に、動きを拘束したければ、靭帯に相当するようなかたいひもをかければよい。

動物の身体は、あらかじめ自由度配置を設計して可動部を与えられたロボットの身体とは大きくちがっている。必要に応じて自由度を拘束し、アクチュエータを重ね足すことができる、多層的な身体構造である。

腱をワイヤ、骨と腱が接触する曲面をプーリーと見立て、ワイヤ・プーリー機構としての筋骨格系について論じたが、ワイヤ駆動あるいは腱駆動というだけでは、筋骨格系を再現したとはいえない。手足が腱駆動でスマートになったところで、ワイヤの駆動源が重くて大きいものであったなら、身体システムとしては成り立たず、それは糸繰り人形の域を出ない。

筋型アクチュエータがどんな特徴をもつべきか考えてみよう。モータで駆動される産業用ロボットの関節それぞれを、ワイヤ駆動に置き換えただけでは、筋骨格ロボットとは言い難い。

筋骨格系の特長には、アクチュエータの分散配置、関節受動剛性の調節、複数の関節に作用する多関節筋、腱の弾性によるエネルギー回生などがある。これらのメカニズムを利用しないのであれば、筋駆動の利点はほとんどない。

関節の角度制御によって運動を行うロボットでは、ひとつの関節の制御に他の関節の動きは影響しないとみなす。あるいは、極力影響しないように設計する。独立、直列、非冗長がキーワードになるだろう。筋骨格ロボットでは、ひとつの関節に複数の筋肉が作用する。また、ひとつの筋がふたつの関節に作用することもある。干渉、並列、冗長がキーワードになるだろう。

人工筋骨格系

筋骨格系を人工的に作ろうとする研究は、人間の手足の制御に関する興味から始まった。一九六〇年代に開催された国際会議「人間の手足の外部からの制御に関する国際シンポジウム」(International Symposium On External Control of Human Extremities) の論文集の中には、人間の運動制御やリハビリテーション装置に混じって、筋骨格ロボットの初期の例が見られる（トモヴィック編／加藤訳、一九六八)。その当時、発明されたばかりの空気圧ゴム人工筋が使われていた。そのような研究を進めていたのは、二足歩行ロボット研究のパイオニアとして知られる、早稲田大学の加藤研究室である。ヒト型ロボットの第一号機は、筋骨格ロボットだった（加藤ら、一九七二）。筋骨格系を採用したヒト型ロボットの研究はさまざまな形で行われている（図6-5）。

二足歩行ロボットASIMOの試作においても、筋肉に近い直動アクチュエータが初期に試された。しかし、ロボットによる二足歩行は、結局、産業用マニピュレータと同じ機構を採用することで実現した。

筋骨格系では、筋を完全にゆるめれば関節はフリー状態になり、身体の受動的なダイナミクスが生かされる。そのような性質に注目して、デルフト工科大学のチームは筋骨格系をもった準受動歩行ロボットを開発した（Wisse et al., 2007）。受動歩行とは、動力なしにメカニズムだけで足を交互に出して進む運動である。歩行時、足と地面の衝突や摩擦によってエネルギーを失うので、受動歩行機械は坂道を下ることしかできない。人工筋によって、受動歩行のダイナミクスにできるだけ干渉しないようにエネルギーを注入することで、平地を歩いたり、方向を変えたりできる。このように、受動歩行を基盤として、アクチュエータを足してエネルギーを補った歩行を、準受動歩行と呼ぶ。やわらかいアクチュエータは、身体の受動ダイナミクスを殺さない。準受動歩行は、もっとも省エネな脚移動の様式だ。単に電磁モータを人工筋肉で置き換えたような筋骨格ロボットは、モータと同様の歩行制御を適用することが難しいため、あまり成功していない（Verrelst et al., 2005）。民間では、空気圧

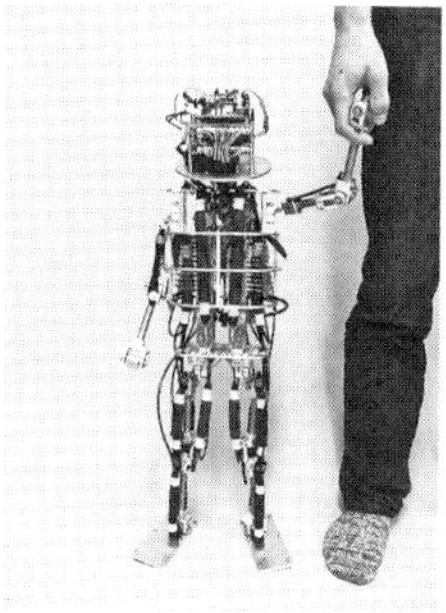

Pneuborn
(Narioka et al., 2009)

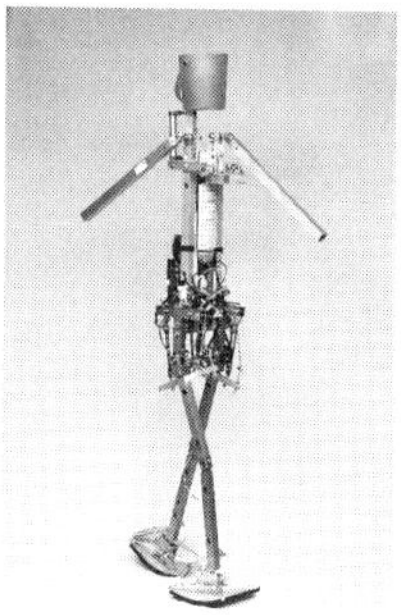

Denise
(Wisse et al., 2007)

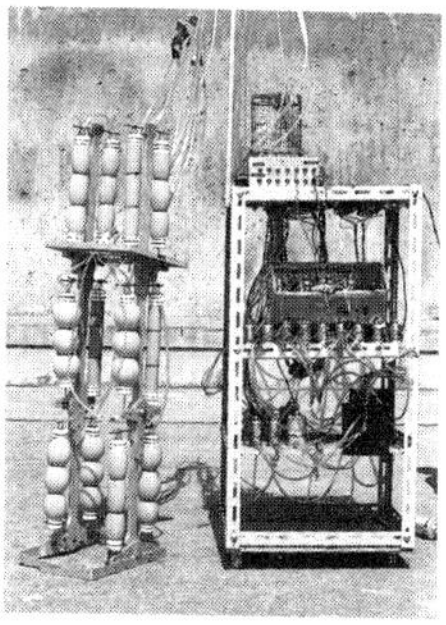

WAP-1
(加藤ら，1972)

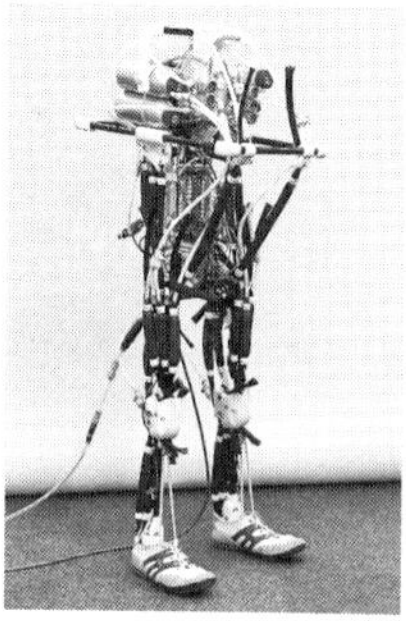

Athelete Robot Prototype
(新山ら，2007)

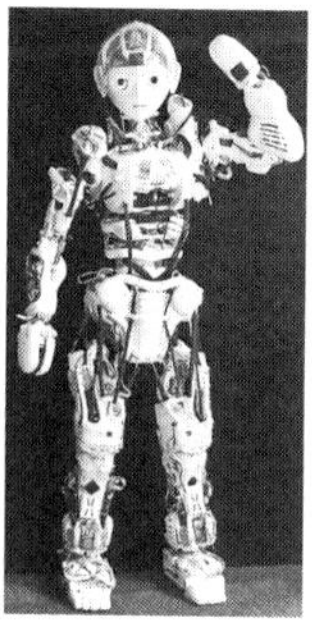

Kojiro
(Mizuuchi et al., 2007)

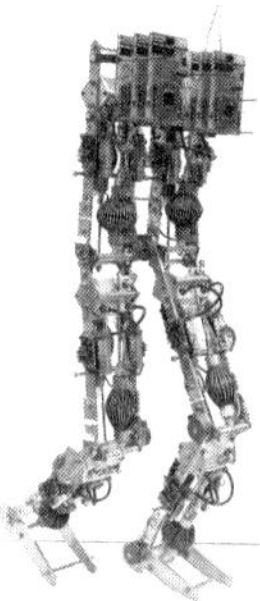

Lucy
(Verrelst et al., 2005)

Shadow Biped
(Buckley, 1996)

図6-5　筋骨格ロボットの代表例

〔Denise：With permission of Martijn Wisse　WAP-1：写真提供　早稲田大学ヒューマノイド研究所（開発年1969年）　Lucy：Image provided by Bram Vanderborght, VUB, Belgium　Shadow Biped：出所　http://davidbuckley.net/DB/ShadBipedPhoto.htm　with permission of David Buckley〕

筋を販売するシャドウロボット社（Shadow Robot）が、筋骨格ロボットを開発した（Buckley, 1996）。

大阪大学の細田研究室もまた、空気圧筋を使った無数の筋骨格歩行ロボットを開発してきた（細田、二〇一六）。比較的単純な空気圧のオンオフだけでも、受動歩行をベースに二足歩行が可能である。同研究室では、つたない歩き方の幼児をモデルにした子ども型筋骨格ロボットや、垂直跳びを行う筋骨格ロボットなども開発している。

動的な骨格の起源は、脊柱であると述べた。多数の筋肉で支えられた脊柱の柔軟構造にいち早く注目して開発されたのが東京大学 JSK の腱駆動ヒューマノイドロボット「腱太」である（Mizuuchi et al., 2002）。その名の通り、腱駆動を用いた脊柱を備え、体幹を反らしてボールを投げたり、身をかがめたりできる。「腱太」の後継として「小太郎」や「小次郎」などの腱駆動ロボットが開発されている。ヒトの解剖学的構造をより精緻に再現する方向に進んだ「腱悟郎」においては、百を超える筋型アクチュエータを備えるにいたっている。

私は、筋骨格系はすばやい動作でその特長を発揮すると考え、跳ぶ筋骨格ロボットや走る筋骨格ロボットを開発してきた。筋骨格ロボットの利点は、二関節筋や筋腱の粘弾性を利用できること、多数のアクチュエータを配置できることにある。逆にいえば、それらの特長を利用しないのであれば、筋骨格系を採用する合理性は薄れる。二足歩行などは、電磁モータでも空気圧人工筋でも実現できる。それは、タスクの制約条件があまり厳しくないからだろう。激しい動きができて、壊れなくて、というふうに要求を増やしていったとき、筋骨格系でしかできないことが見えてくるはずだ。

筋骨格ロボットの実際の設計で工夫を要するのは、筋の張力をうまく伝える機構だ。強い張力が加わると、腱は最短経路を通ろうとして、関節を離れてしまう。摩擦の影響も大きい。関節を大きく曲げ伸ばししても、腱またはワイヤが関節にそってなめらかに動くように、骨の形状やガイドがうまく設計されていなければならない。これは、多数の筋がひしめきあう股関節や肩関節ではとても難しい。

もうひとつの課題は筋腱のたるみである。このたるみは、次に張力を発生したいときに、ピンと張るまでの時間遅れの元になってしまう。また、腱が関節からはずれる原因になる。たるみを取り除くような受動的な弾性か、あるいは常に小さい張力をバイアスとして与えるような能動的な制御が必要である。

美術解剖学が教えるように、人間を含む哺乳類の外観は、骨と筋によって特徴づけられている。そして、内骨格系なので、表面がやわらかい。ロボットが、より親しみやすい、動物に似た外観を獲得するとしたら、それは人工筋骨格系が実用に達したときだろう。

2　やわらかい制御

ヴァーチャルソフトネス

ロボットとコンピュータを接続して、センサ情報の処理とモータへの指令の計算をプログラムで書くというデジタル制御の枠組みは、今ではごく普通のことだ。機械を制御するソフトウェアによって、ハードウェア本来の性質を、見かけ上、劇的に変えることができる。ソフトネス（やわらかさ）もまた、ソフトウェアで擬似的に模倣することができる。

たとえば、制御によって重力の影響を消すことができる。さらに、ロボットアームの関節にある摩擦や粘性もゼロになったようにみせかけることができる。そうすると、ロボットアームを、まるで宇宙に持っていったかのように、指一本でちょいと押して動かすことも可能だ。どのように実現するかというと、人間がロボットアームに触れたときの力を計測して、重力や摩擦がゼロのときのロボットの振る舞いを計算し、それに従うように関節のモータが必要な力をサポートするように指令を出す。重力も摩擦も、実際には常に存在しているのだが、その影響をモータの力を使って相殺することで、あたかも抵抗が消えたように時々刻々制御し続けるのだ。

もちろん、ソフトウェアは万能ではない。プログラムで記述できるのは、あくまでコンピュータに取り込まれて数値化されたセンサ情報に対する出力だけである。また、空中での姿勢や、地面との転がりなど、直接制御できない運動は制御できない。状態すべてを計測することができないのは実世界の特性だ。ロボットアームの力制御では、手先に力センサをつけることが多いが、手先以外の場所に加わる力は計測できず、たとえば肘に力が加わったときの反応はプログラムできない。また、制御プログラムを停止してしまうと、あるいは電源から遮断されると、ロボットは即座に本来の力学に従う。

応答速度の問題もある。たとえば関節にばねが入っているかのように制御したロボットアームを、ハンマーで叩くとする。その急な撃力や変位を計測するのは難しいし、本物のばねと同じ反応を再現するには関節のフィードバック制御をかなり高速で行う必要がある(Seok et al., 2012)。ソフトウェアによる制御は、ロボットの振る舞いを柔軟に変えられる汎用性が魅力的である一方で、指令によく追従する高価なハードウェアが必要だ。また、エネルギー効率の点では不利になる。ソフトウェアで模倣できるのは、いつでもロボットのハードウェア性能の範囲内だ。本来のロボットの性能以上の力や速度を出すことはできない。重力補償ひとつをとっても、アームが無重力下のように振る舞うには、重力を相殺する力をモータが常に出し続ける必要があり、省エネルギーではない。スタンドライトのアームのように物理的なばねを使えば、計算せず、電力も消費せずに重力を相殺できる。

ソフトウェアで実現するのがよいか、ハードウェアがよいかは二項対立ではない。ばねひとつでできることを、高速な制御系と高性能なアクチュエータで模擬するのはムダである。かといって、受動歩行のようにからくりだけで動作を作ると、速度を変えるだけでも難しく、他の動作ができない。生体システムは、身体の物理特性で解決する部分と、神経系で解決する部分の巧みなバランスによって、多様かつ効率的な運動を可能にしている。

関節剛性の調節

キャッチボールをするとき、飛んでくるボールを捕まえる手首は、ふにゃふにゃではなく少し力んだ状態にするはずだ。そうしておくと、手首はばねのように働いて、衝突を和らげてくれる。ボールが手に当たってから反応していては、間に合わない。脱力すると体はやわらかくなり、力むとかたくなる。これはどのように起こるのか、関節のスティフネスという観点で考えてみよう。

スティフネス（剛性　stiffness）はかたさを表す量のひとつだ。回転関節の剛性については、加えたトルク（モーメント）を、そのときに生じた角度のずれで割った値である。つま

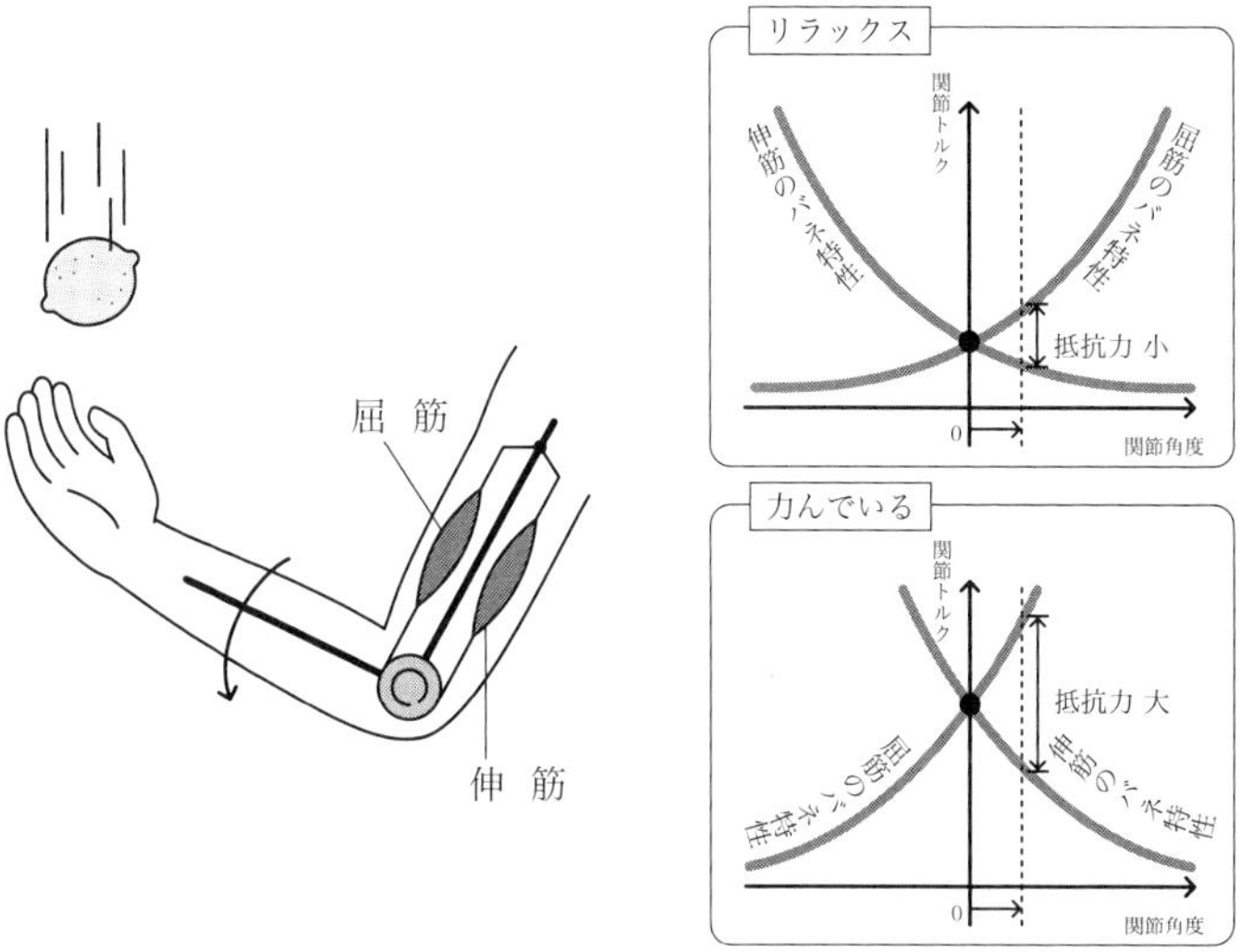

図6-6　拮抗駆動による関節受動剛性の調節

り、ばねの強さに近い概念だ。関節剛性が高いと、この値は大きく、力がかかっても姿勢が変わりにくいことを意味する。コンプライアンス（柔性 compliance）はスティフネスの逆数である。関節のコンプライアンスが高いということは、関節は小さい力ですぐ角度を変えることを意味する。

筋骨格系の中で、ひとつの関節に作用する単関節筋の拮抗ペアに注目してみよう。筋腱複合体はばねのような特性をもつので、関節に力を加えると、釣り合い角度に戻ろうとする復元力が働く（図6-6）。これは、筋指令の変更をともなわない、受動的な剛性調節の作用である。同じ姿勢をとっていても、拮抗ペアの綱引き状態は一様ではない。力んだ状態とは、拮抗ペアが強く引き合っている状態のことだ。もし筋腱複合体の特性が線形ばねであった場合、小さく引き伸ばしても大きく引き伸ばしてもばね定数が一定なので、剛性を変えることは不可能である。筋腱複合体が、ばね定数が変化する非線形ばねとしての性質をもつと、力めば力むほどばね定数が大きくなり、関節はかたくなる。空気圧人工筋肉を用いた研究では、関節トルクと関節剛性が独立に制御できることが示されている（山下ら、一九九五）。つまり、手先で同じ力を出しながら関節剛性を変えたり、剛性を一定に保ちながら動いたりすることができるということである。

調節できる剛性の範囲は、アクチュエータの特性によって決まる。筋型アクチュエータとしてよく使われる空気圧筋で拮抗駆動系を作ると、剛性調節の範囲は比較的狭いことが知られている。剛性調節範囲を拡大するシンプルな機構としては、ばね定数が変化する特別なばねを挿入する方法がある（大鐘ら、一九九六）。また、受動的な剛性調節にこだわらないのであれば、わざわざ拮抗駆動機構を導入しなくても、電磁モータのフィードバック制御によってソフトウェア的に関節の剛性調節ができる。受動的な関節剛性の調節は、制御が間に合わないような撃力への高速応答や、物理的なやわらかさが安全性のために重要なリハビリテーション装置などに用いるべきだろう。

生体において、拮抗駆動は筋骨格系の一側面にすぎない。肘関節では対称に近い拮抗駆動ペアを見つけられるが、膝関節などでは抗重力筋が優勢で拮抗関係はかなり非対称である。二関節筋を除いたとしても、人間の身体にきれいな拮抗駆動ペアを見つけるのは難しい。

拮抗駆動による関節剛性の調整は興味深いトピックだが、身体運動のためには、剛性調節よりも先に、能動制御があるべきだ。剛性調節だけでは運動を起こせず、構えと受け身しかできない。受け身の剛性調節機能にばかり注力して複雑な機構を作ると、重く大きくなって運動を阻害し、本末転倒である。また、剛性調節のための筋の拮抗とは、張力が体内で相殺され、外力に変換されないことを意味する。筋力の効率的な利用のためには、拮抗を最小限にするのが望ましい。

身体運動は、いつも予期しない妨害にあうものだ。それは、階段の段差が思ったより高かったとか、他者がぶつかってきたとか、いろいろだ。身体の剛性調節とは、そのような外力に対してどう反応するかを、運動計画とは別のところで設計できる仕組みである。

バックドライバビリティ

人と握手をするとき、こちらが手を上下させれば、相手の腕もそれに合わせて動く。このような、外からの力による姿勢の変わりやすさを、バックドライバビリティ（逆可動性、backdrivability）と呼ぶ（鈴森、二〇一三）。逆というのは、アクチュエータが身体を駆動することを順方向と考えるからだ。動物の身体は、外から力が加わったとき、それに逆らわずに姿勢を変える。それは、受動的なやわらかさを備えているからだ。多くのロボットはそうではない。常にかたい角度制御をしているし、制御を切っても関節の受動的な抵抗力が筋骨格系よりかなり大きい。人間とヒト型ロボットが手を取り合って歩こうとしたら、人間がロボットの動きに合わせなければならない。

バックドライバビリティは、ある・なしではなく、程度である。関節剛性は、関節の弾力性であった。バックドライバビリティは、外力を受けた身体部位から、アクチュエータまでの、力の伝達経路にある抵抗力を表す。人間であれば骨から関節を通じて筋肉まで、ロボットであればリンクから減速機を通じて電気モータまでの経路だ。抵抗力とは、摩擦や粘性、慣性などである。これらの抵抗力は動的な性質をもち、速い動きでは、当然、抵抗力は大きくなり、バックドライバビリティは低くなる。

ロボットの関節がかたいのは、力の伝達経路に抵抗があるだけでなく、減速機のてこの作用によって、小さい抵抗力がかなり大きくなるからだ。電源を切ったロボットアームを手動で動かそうとすると、かなりの抵抗を感じる。人間の筋骨格系では、筋肉は直接骨格に力を伝えるので、減速機がないばかりでなく、むしろ骨格系が増速器として働くので、バックドライバビリティが高い。

バックドライバビリティを高めるには、まず、力の大きなアクチュエータを使って減速比を下げることだ。減速機を使わないダイレクトドライブが有利である。次に、アクチュエータに近い側から摩擦、粘性、慣性を抑える。

バックドライバビリティは、用途に応じて設計するべきものだ。環境や他者との相互作用を積極的に取り込んで、不確かさの中で探索的に動こうと思えば、正体のわからないものとの接触や衝突の力を感じとるために、身体のバックドライバビリティは高いほうがよい。外界からの影響を最小限にして、あらかじめ計画した通りに動きたいのであればバックドライバビリティは低いほうが良い。同じ姿勢を、エネルギー消費なしに保ちたいときなども、バックドライバビリティを低くして重力の影響を受けないようにするのがよい。

アクチュエータはエネルギー変換器であった。もし逆変換が可能であるとすれば、身体側から入力されたエネルギーを取り込むことができる。バックドライバビリティは、エネルギー回生の機会でもある。電車は、ブレーキをかけているときに車輪からの力でモータを発電機として回し、エネルギーを回収できる。筋繊維自体は、原理上、エネルギーを回収できないが、筋組織の弾性要素はエネルギーを貯蓄・解放できる。筋骨格系では、外力によって筋腱が引き伸ばされたとき、腱がそれを弾性エネルギーとして貯める。

ここで、自ら動く過程と、外から動かされる過程は、排他的でないことを強調したい。人間の身体運動は、内側から筋が力を生じて運動を起こす作用と、接触によって外力が身体に伝わる作用は、同時多発的に起こっている。能動的に運動しながら、同時に、受動的に環境となじむことは可能だ。身体は、環境の手応えを感じながら、動くのである。バックドライバビリティが低いシステムでは、情報の流れはトップダウンに偏るだろう。身体運動が、さかのぼって筋腱複合体に作用するということは、身体・環境が強くカップリングして、知覚と運動が同じ経路を通っているということだ。

3　しなやかなロボット

跳ぶ筋骨格ロボット

ネコのようにしなやかなロボットを作ることができないかと考えた。二〇〇四年のことである。しなやかさとは、柔軟さに加えて弾力のある物性であり、なめらかで若々しい動きのさまだ。ぎこちない動きの、硬質なロボットと対比して、それがロボティクスの未開拓分野だと考えた。もちろん、取り組む前は、それが有望なフロンティアなのか、ロボット研究者が見放した辺境なのかはわからなかった。

ちょうど『知の創成』(Pfeifer & Scheier, 2001) を読んで強い影響を受け、従来のロボットでは難しいとされている課題を、身体性の考えに基づいて解決する実例を作りたいと考えていた。

ネコらしさとはなにか、と当時の指導教員であった國吉康夫先生に問われ、議論の末、跳躍と着地にフォーカスすることにした。ネコが高い塀の上にひょいと跳び乗る動きは興味深い。跳躍と着地は、身体と環境の関係がダイナミックに変化する動作だ。跳躍するときに身体は地面との接触を一度失い、着地のときには不確かな足場に出会う。ジャンプのもうひとつの特徴は、とても素早いことだ。運動を調整する機会はほとんどなく、動作は身体の動的特性に強く支配される。ホッピングのように動作の繰り返しのなかで運動を修正することも難しい。墜落した後に着地の動作を計画してもまったく無意味だ。それは、時間圧と呼ばれる実世界の特徴である。

跳躍と着地をロボットで実現するにあたって、私は電気モータを使う案を早々と捨て去り、以前に使ったことのあったマッキベン型空気圧人工筋を採用した。筋駆動という動物の身体形式が、運動にどのようにかかわっているか知りたかったからである。この選択が、ロボット設計の決定的な分岐点となった。モータを使っていたら、筋骨格系と身体性について論じる機会は失われ、また、そもそも跳躍するロボットを短い期間で製作することもできなかっただろう。

私が製作したネコ型ロボットの、初期の試作機は、跳ぶための計算機プログラムを実行したとき、ゆっくり立ち上がっただけであった。十倍の早回しで見たら跳躍に見えたかもしれないが、離陸など望むべくもない。静的な姿勢に関する運動学と、力と加速度を考える動力学は、まったくちがうものである。

脚ロボットの設計は難しい。脚の主な仕事は、立つこと、つまり自重を支えることである。産業ロボットであれば、手先で持てる物体の重さは、自重の一割程度である。ロボットの脚は、自重を丸ごと支えるのはあたりまえで、跳躍や走行にはその数倍の出力を要する。脚の重量には、脚を駆動するアクチュエータの重さも含まれるから、軽くて出力の大きなアクチュエータが必要だ。アクチュエータの数を二倍にしても、すばやさは二倍にならないだろう。体重も増えるからだ。車輪の利点は、自重は軸受けが支えて、それとは独立して、推進のための回転を起こせることである。車は平地に止まっていれば疲れない。脚は疲れる。

ネコ型ロボットを製作するにあたって、獣医学の専門書にあたり、イヌやネコの解剖学も参照した。しかし筋肉の数は多く、すべての筋をロボットで実装することは望めない。しかも、空気圧人工筋を一本足すには、重いバルブや電子回路も足す必要がある。生体システムが筋肉を維持するために消化や血管網などのコストを払っているのと同様に、ロボットにア

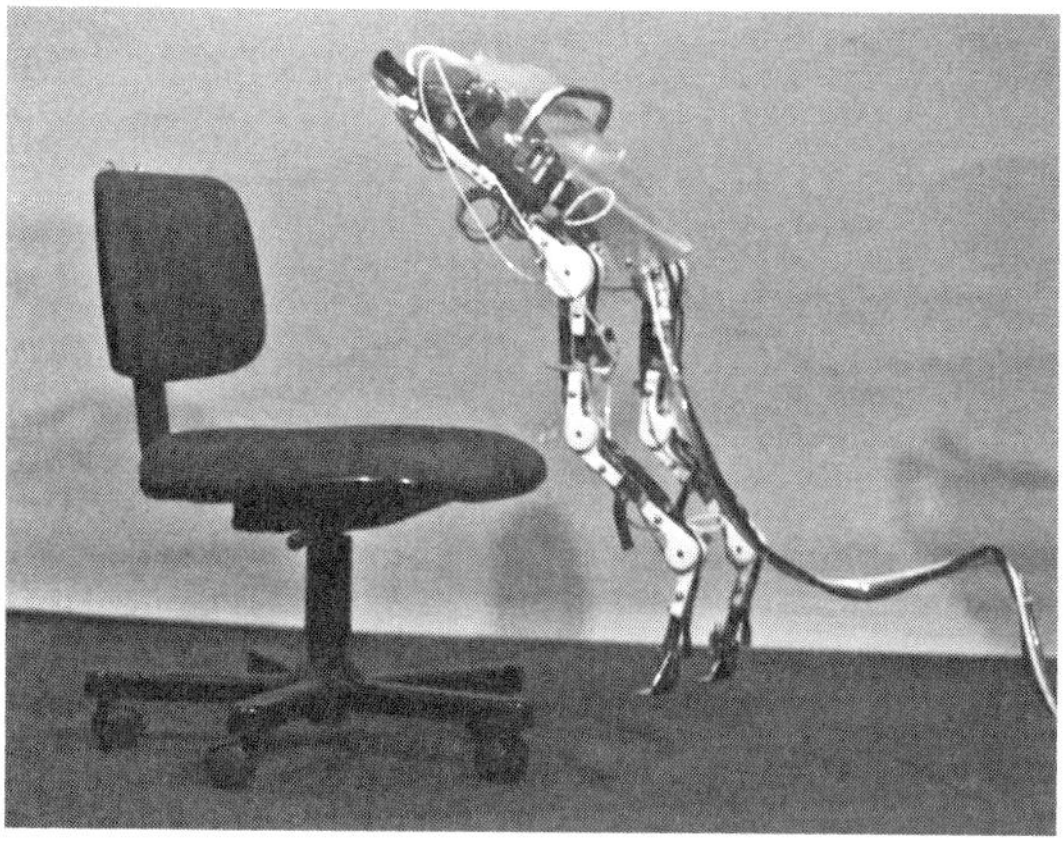
図6-7　跳躍する筋骨格ロボット：Mowgli（モーグリ）

クチュエータを足すことはコストがかかる。そこで、生物規範から一度離れて、多関節脚をできるだけ少数の筋で駆動する方法を、メカニズムの観点から探索していった。

各関節をただ拮抗駆動するだけでは、筋長が短くてストロークが足りず、ロボットは跳ばなかった。できるだけ長い筋肉を配置するために試行錯誤する中で、二つの関節にまたがるように人工筋を取りつけることを思いついた。そして、一本の筋で複数の関節の動きを干渉させ、体幹の動きを末端に伝えるというアイディアを得た。これはまさに二関節筋の仕組みである。私は必要に迫られて二関節筋を「発明」したのである。

そうしてできあがったネコ型ロボットは、すばらしい跳躍力を発揮し、椅子に跳び乗ることができた（図6-7）。後足が長く、跳躍に備えてしゃがんだ姿勢で、前足を省いたため、カエルによく似ていた。ロボットを見た人もカエルロボットと呼んだので、やがて私もカエルロボットと仕方なく認めざるを得なかった。ネコの大ジャンプに注目してその原理を抽出したところ、その外観はカエルに似ることになったのである。形態は機能に従う（Form follows function）という言葉が合う。

生物規範型ロボットの設計製作は、生物の観察記録による知識を援用した、構成論的な過程である。身体運動という現象を再現するとき、生体システムをただ模倣することは、工業製品のリバースエンジニアリングとちがってほぼ不可能である。必ず原理の理解とモデル化を経由する。生物規範型ロボットを作ることは、生物を理解することでもある。

身体に埋め込まれた運動

カエルロボットの運動制御では、センサフィードバックによる動きの修正を放棄し、代わりに、跳躍動作を起こすことがあらかじめわかっている筋指令をフィードフォワードに与えている（Niiyama et al., 2007）。フィードバック制御とは、センサで常に身体の状態を監視して、目標の動きからずれないように運動指令を計算するやり方だ。フィードフォワード制御とは、目標の動きに必要な運動指令をあらかじめ覚えておいて、運動の最中に調整をしないで運動指令を覚えた通りに実行するやり方だ。

カエルロボットの跳躍動作は、なめらかでよどみなく見える。しかし、実際の筋指令は、筋を徐々に賦活するようなものではなく、弛緩から収縮への急な切り替えである。不連続な筋指令を与えても、空気圧筋の応答遅れと、身体の質量が、なめらかな姿勢変化を作り出すのである。また、筋の収縮開始のタイミングは、すべての筋でほぼ同時である。これは、中枢神経系が生成していると思われているような、なめらかで順序のある多関節運動の少なくない部分が、身体のダイナミクスによって支配されていることを示唆している。

極めて単純な筋指令で跳躍動作が実行できるのは、筋指令が身体にありのままの運動を励起するだけの役割しかもたないからだ。言い換えれば、重心の位置、ロボット各部の質量、筋の太さ、各筋の関節モーメントアームといったパラメータで決まる身体のデザインそのものが、動作のデザインになっているのである。カエルロボットの場合、跳躍動作の一部が身体構造に埋め込まれている。産業用ロボットの場合、汎用的でクセのない身体構造であることに重点を置いて設計されているので、アプローチはまったく異なっている。

ベルンシュタインは『デクステリティ』(工藤訳、二〇〇三)の中で、先端におもりがついた棒を、二本のゴムひもで引いて操る例を挙げて、筋骨格系の運動制御の難しさを端的に示した。質量と弾性の組み合わせは、振動を生む。運動の調整は、行き過ぎてしまったり、また戻ってしまったり、ふらふらする。運動指令に、あらかじめ系のダイナミクスをおりこんでおくという、カエルロボットのアプローチは、これにひとつの答えを与えるように思われる。つまり、おもりがなめらかに落ち着くようなひもの操作を体で覚えておけばよいのである。

中国の故事に、油売りの翁の話がある。弓術の名人のわざを、自慢するほどのことではないと言う油売りがいた。油売りは、ひしゃくで油を細く垂らして硬貨の小さい穴を通すというわざを見せ、矢を的に当てることも油をそそぐことも、ただ慣れによるものだと看破する。巧みさの背後には熟練がある。慣れは運動の巧みさの無視できない側面である。

投擲器が石を投げるとき、その弾道は物理学によってよく予想できる。身体運動もまた弾道学的（ballistic）である。私たちは、意志によって運動を起こしていると信じている。そして、その意志が、時事刻々、身体の隅々に効力を発していると誤解してしまう。しかし、投げられた空中の石は、ただ系のダイナミクスに従って動いているのだ。空中の石に意志は働かない。巧みさは投げ方にある。同じことが、意志が隅々まで働いていると私たちが信じる、この身体に起こっているとしたらどうだろうか。身体運動は、身体・環境・神経系の相互作用から立ち現れる。船頭が、川の流れそのものを制御できなくても、船を思い通りに操れるように、ダイナミクスの中から道を探し、選び取ることはできるのである。未熟な身体運動が、洗練されていくまでの過程は、身体運動を律するダイナミクスを探索し、活用しよ

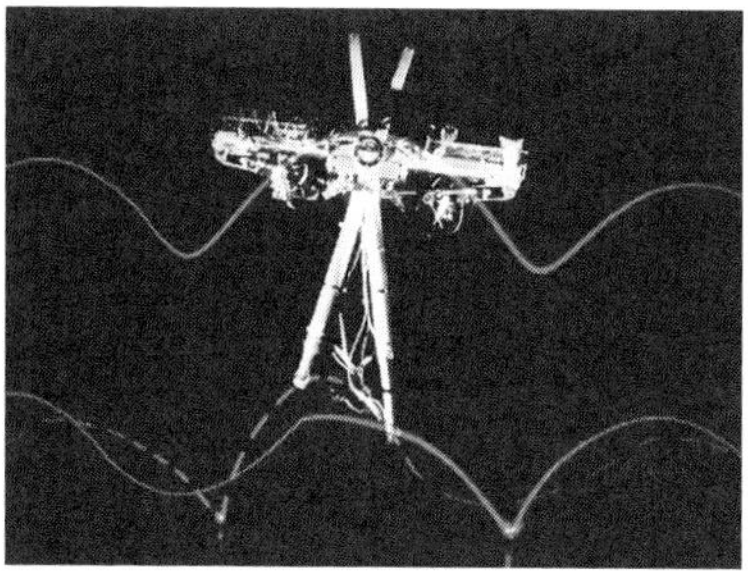

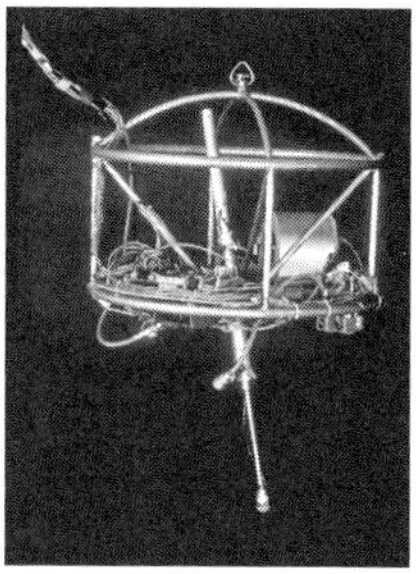

図6-8　MIT Leg Labのホッピングロボット（Raibert, 1986）
〔出所　http://www.ai.mit.edu/projects/leglab/robots/robots.html〕

うとする作業だ。この知的な過程は、いまだ未解明である。

走る筋骨格ロボット

跳躍ロボットを作った後、筋骨格ロボットによる走行に挑戦しようと考えた。二〇〇五年当時、マサチューセッツ工科大学の脚ラボ（Leg Lab）で作られたレイバート（Raibert, M.H.）らのホッピングロボットが、走るロボットとしては最も優れていた（Raibert, 1986）。しかし、そのホッピングロボットの脚は伸縮する一本足で、動物の多関節脚とはかけ離れている（図6-8）。走るヒト型ロボットもいくつか出はじめていたが、走行というよりはすばやい足踏みといった動きで、両足が一瞬だけ地面から浮く程度だった。そこで、しなやかで躍動感のある走りをする「アスリートロボット」を企図した。

歩行も走行も周期運動であり、環境・身体・制御系を合わせた動的システムがもつ固有の周期的運動が利用できるだろう。脚ロコモーションは倒立振子としてモデル化されることが多い。ただし、歩行と走行を支配する原理は異なっている。歩行の代表的なモデルは、胴体のないコンパス型のモデルで、足と地面の衝突によるエネルギーの散逸を考える。走行の代表的なモデルは、SLIP（spring loaded inverted pendulum）と呼ばれるモデルである。コンパスモデルに似ているが、脚がただの棒ではなく、ばね脚になっていて、伸び縮みする。

一方、ヒト型ロボットの二足歩行に使われる一般的な制御手法では、倒れないという条件を満たす動き方を計算して、それを関節の角度制御によって正確になぞっている。トップダウンに設計された歩行を「演じる」ロボットが必要になる。同じアプローチで走行することも可能である。しかし、着地の衝撃吸収や離陸の大パワーのために、とても高価なハードウェアが必要であり、その割には人間らしくない。走るヒト型ロボットを作るやり方として、二足歩行ができたら、パワーアップして走らせる、というアプローチは合理的でないように思われた。

ホッピングロボットは、単純なばね脚でうまく動物の走行という現象をとらえている。筋骨格系によって、多関節脚で同じ原理が利用できるのではないかというアイディアから出発した。

まず、片足で垂直跳びができるヒト型ロボットの試作に取り組んだ。スポーツ運動を扱うスポーツバイオメカニクスや、筋肉のはたらきを解説する機能解剖学の本を参照して、ヒトの脚を動かす筋の中で、どの筋をロボットに移植するべきか検討した。原理の理解をスキップして人体をただコピーするように人工筋を配置しても、リアルな人体模型を作るだけになり、機能しない。

空気圧人工筋に特有の制御装置についても、再検討が必要だった。カエルロボットでは、筋肉の収縮・弛緩の二状態を選択できる単純で軽量なソレノイドバルブを使っていた。アスリートロボットでは、地面を蹴る力の方向を選択できるように、筋張力を無段階に設定できる比例制御弁を採用した。しかし、比例制御弁は大型で重く、さまざまな軽量化の工夫をしても、筋力に対してロボットが重すぎて、十分に跳躍できなかった。また、空気圧人工筋が破裂したり腱の部分がちぎれたりすることは頻繁にあり、ロボットが骨折を起こすこともあった。

走行するアスリートロボットの開発は、期待される成果は派手だが、失敗もまた一目瞭然な、冒険的な研究課題だった。アスリートロボットの四〜五台目のプロトタイプの走行実験が失敗したときには、このままでは博士論文も完成しないし、これまでの開発費もむだになってしまう、と絶望した。芳しくない結果に意気消沈する日は多かった。しかし、当時後輩であった西川鋭さんの協力もあり、一歩、二歩と、進捗が見られ始めた。

大きな課題の一つは、不足しがちな筋力に見合う厳しい減量が迫られていたこと、もう一つは、走行の重要な要素である弾性の組み込みであった。ある日、研究ノート上でスケッチを書きながらロボットの機構を検討しているとき、足関節の大幅な簡略化を思いついた。膝から下を、義足のランナーが使うようなブレード（板ばね）で置き換えてしまおうというアイディアだ。竹馬のような棒足のロボットの先行研究があり、足首がなくても脚ロコモーションが可能であることはわかっていた。静かに立つことをあきらめ、常に動的なバランスをとることにすれば、広い足裏と足関節は必要ない。なにより義足のランナーは、ブレードの足で走っているではないか。

アルミ板で即興の板ばねを作って検討した後、カーボン繊維強化樹脂製のブレードを取り付けた筋骨格ロボットを製作した。この、設計上の大転換には、いくつもの利点があった。まず、足首の筋が不要になったことで、全体の減量ができ、空気圧の消費を抑えることができた。また、足先が軽くなって脚のスイングが速くなった。そしてなにより、踏み込みのエネルギーを蹴る力に変換する、アキレス腱の弾性を模擬できるようになった。短距離走者は足首をあまり動かさずにアキレス腱の弾性を活用しているというスポーツバイオメカニクスの知見が、これを支えた。

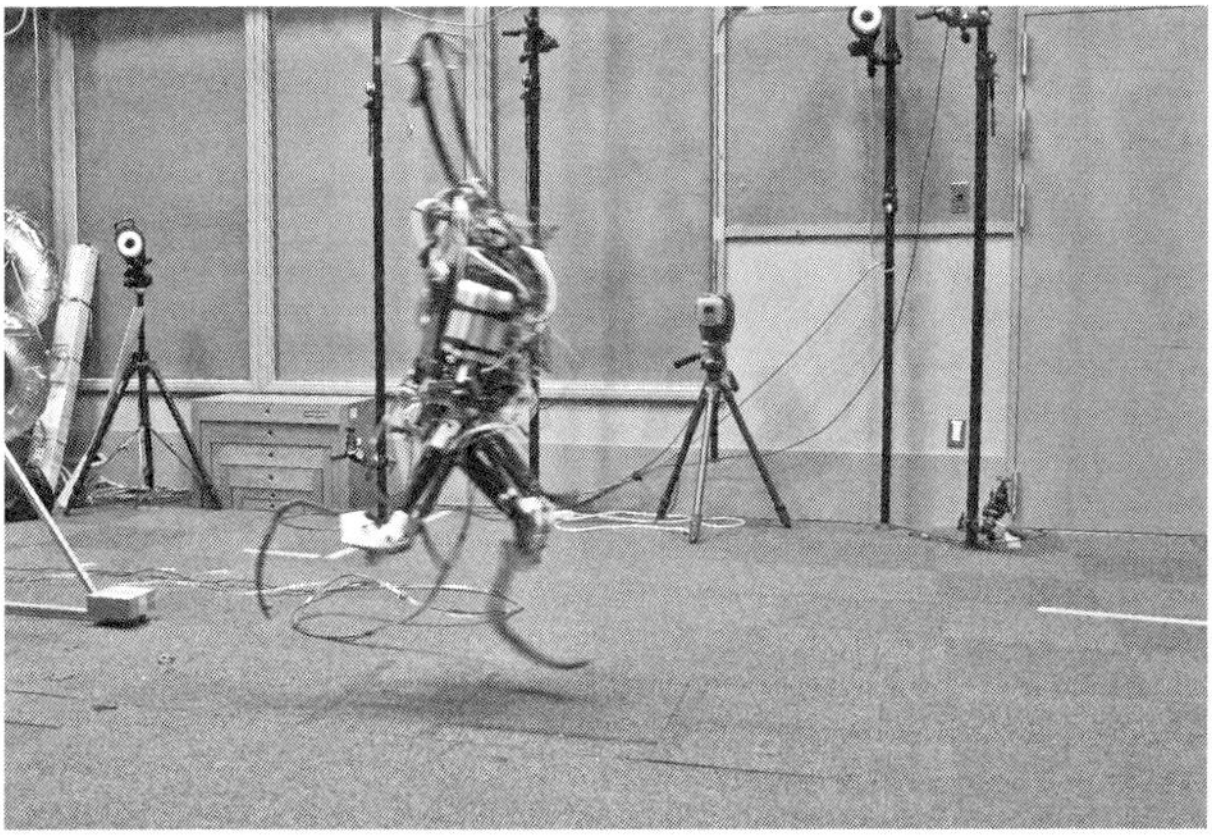

図6-9　走る筋骨格アスリートロボット

走り出しの加速については、姿勢変化も大きく、かなりスキルの必要な動作であることがわかった。よーいどんで自ら走り出すような素朴なヒト型ロボットのイメージを手離す必要があった。そこで、人間の走者がしゃがみ姿勢からブロックを蹴ってスタートする部分は、カタパルト（射出装置）を製作して置き換えた。

筋骨格系の設計の工夫と筋へのフィードフォワード指令の工夫によって、アスリートロボットはついに走った（図6-9）（Niiyama et al., 2012）。ロボットは、五ステップ走って、実験室を横断した。大きなストライドと、両足が地面を離れる明確な空中期は、人間の走りに近い。ロボットは最後に転んでしまうのだが、筋骨格身体のおかげで、転び方まで人間くさい動作にみえる。

速く走る方法

走る筋骨格ロボットは、カエルロボットと同じく、空気圧系の遅れのために高速なフィードバック制御が難しい。遅れがあるといっても、動作そのものが遅いわけではない。脚のスイングなどは十分高速だが、スイングの途中で動きを変更しようとしても指令が間に合わないということだ。人間も、感覚刺激から運動までの反応時間は百ミリ秒から三百ミリ秒くらいと報告されているから、筋骨格ロボットと生体は同じような制約をもっていることになる。ASIMOのようなヒト型ロボットでは、一ミリ秒ごと、一秒間に千回の頻度で、関節角度センサ情報に基づいてモータの出力トルクを調整することが普通に行われる。人間の筋骨格系と、関節の角度制御で動くロボットでは、制御のタイムスケールが百倍もちがうのだ。生体の運動制御が経験と予測に基づくフィードフォワード指令を活用している一方で、ロボットの運動制御が主に高速なフィードバック制御に頼って構築されるのは自然なことだろう。

走る筋骨格ロボットは、二関節筋を含め、人間の脚の主要な筋肉群を備えている。具体的には、大臀筋、腸腰筋、ハムストリングス、大腿直筋、大腿広筋の五グループである。筋の対応がとれるということは、人間の走行中の筋電位を参照できるということだ。ただし、体重やプロポーション、筋力や関節モーメントアームのちがう人間とロボットを、同じ筋指令

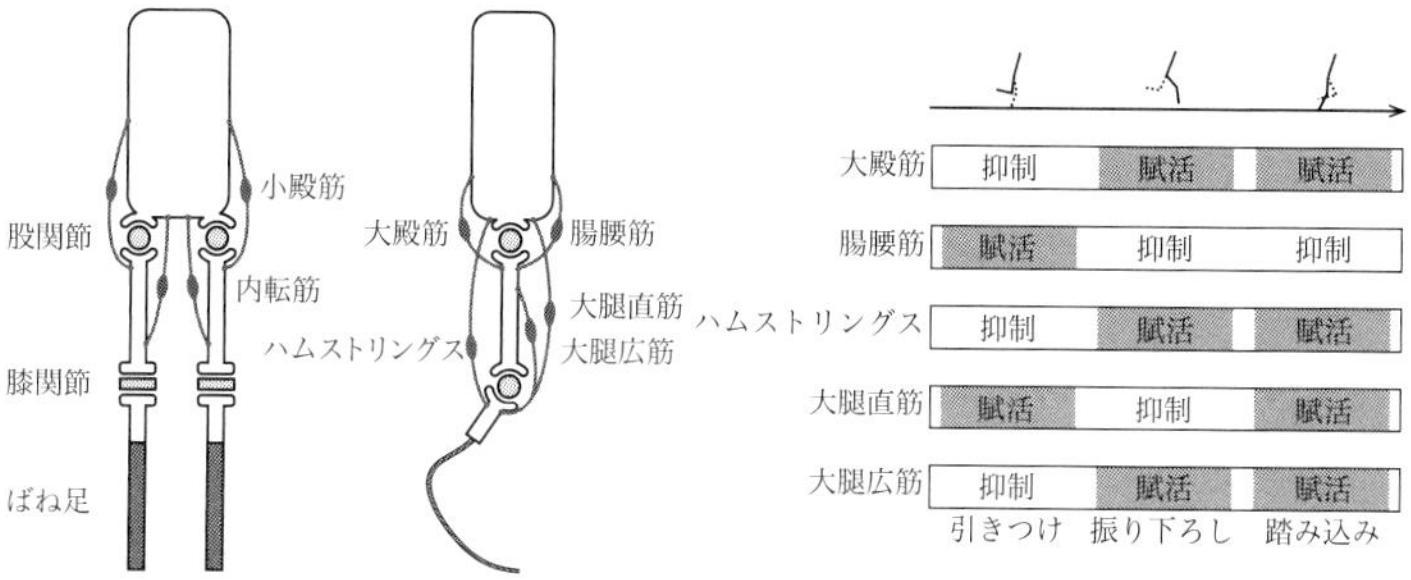

図6-10　アスリートロボットの筋配置と片脚の筋指令パターン
(Niiyama et al., 2012)

で動かすことはできない。

まず、筋指令パターンの大まかな構造について検討した。環境との接触の切り替わりは一つの起点である。地面を蹴っているときと、空中をスイングしているときで、系のダイナミクスは大きく異なるので、筋指令も切り替えが必要だ。ただし、切り替えのタイミングは、接地と同時ではなく、予測的に少し早いタイミングになるだろう。次に、脚のスイングを考えると、最もすばやいスイング動作は、脚を全力で振り上げ、次に全力で振り下ろすという、二値（バイナリー）的なパターンになるはずだ。

以上の考察から、走行の最も単純な筋指令パターンは、片脚につき三回の切り替えがあるパターンになる（図6-10）。五グループの筋の、三フェーズのバイナリーパターン、合わせて十五変数を決める必要がある。これは、走行中の人間の筋電位パターンを二値化することで得た。

走行中の筋指令のオンオフのバイナリーパターンが得ら

れても、切り替えのタイミングと、各フェーズの筋の賦活強度は定まらない。これらのパラメータを得るために、動力学シミュレータ上で走行する筋骨格ロボットのモデルを走らせて、転ばずにできるだけ長く走るような筋指令パターンの探索を行った。これは西川さんとの協働による。最終的には実ロボットとシミュレーションのモデル誤差があるので、ロボットの動きの計測結果や、床反力をみて筋指令を微調整する必要がある。

短距離走について、古い指導の典型は、地面を後方に蹴ることを心がけ、蹴った後に太ももを引きつけて膝を高く上げる、というものだ。一方、スポーツバイオメカニクスの成果を取り入れた現代的なトレーニングでは、地面をつま先で真下に踏み込むことを意識させる。走行中、足は後方に動いているようにみえるが、体重を支えながら重心を前に推進するのに必要な力はほぼ下向きであり、必要なのは踏み込む力なのだ。短い接地時間に強い力を発揮するためには、体重を乗せてアキレス腱で弾むことが重要になる。筋収縮で蹴るのではなく、強力な筋で支えた腱が地面を蹴るのである。また、膝の高さは力強いスイングの結果であると考え、それ自体は目標にしない。観察された運動はあくまで結果であり、身体は本人の主観とはちがう動きをしている。動的な運動を再現するには、型まねではなく、生成原理をまねしなければならない。

筋骨格アスリートロボットは、弾む足を組み込み、予見的な筋指令を探索することで走り始めた。これは、身体におけるやわらかさとかたさの調和の探求に向けた端緒にすぎない。しなやかさの原理は、環境と呼応した全身の協働、身体のばねの活用、そして身体から発見された動きの利用にある。

あとがき

シリーズ「身体とシステム」との出会いは、学生の頃に読んだ多賀厳太郎先生の『脳と身体の動的デザイン』であった。このシリーズに著者として加われることをうれしく思う。

ボストンで暮らしていた頃、佐々木正人先生から出版のお誘いをいただいた。異国の地で便りをもらうのはうれしいものだが、それにも増して執筆の機会をいただけることは身にあまる光栄であった。本を書いた経験のない駆け出し研究者に執筆を依頼するリスクを、経験豊富な佐々木先生はよくご存知だったはずである。案の定、執筆は大幅に遅れ、東京に戻ってからもなかなか原稿が仕上がらなかった。愛想を尽かされても当然の不義理な私をそれでも激励し、ていねいに原稿を推敲してくださった佐々木先生には、感謝してもしきれない。

また、恩師の國吉康夫先生には、研究を実行するうえで重要な知的環境を与えていただいた。國吉先生の助言と支えなしには、本書で紹介したような研究群は存在しなかった。深くお礼申しあげたい。

私にとって、論文ではなく本を著すこと、そしてウェブメディアの全盛のなかで紙の書籍をまとめることは、研究の背景にある思想を体系化する営みとして大きな意味があった。雑務と個別の論文執筆のなか、思考は細切れになりがちである。大きな文脈のなかで、何が重要な問題なのか考え直すことが必要だ。未熟さも含めて、紙に定着された「今」の考えは、私の思考の原点となるだろう。ロボット学をアップデートするために、アイディアを具現化し、研究を積み重ねていくことが使命と考えている。読者のみなさまに、新しい話を語れるよう、力をつけていきたいと思う。

初期の原稿を読んで重要なコメントと励ましを寄せてくださった神戸大学野中哲士さんに感謝申しあげます。

本書が形となったのは、金子書房の亀井千是氏、渡部淳子氏のご尽力の賜物である。感謝申しあげたい。校正作業で忍耐強くお付き合いいただき、大変お世話になった。

最後に、いつもそばにいてくれる妻の桂子に感謝したい。このままでは永久に脱稿できないと予見し、執筆時間の確保と確実な遂行を促してくれた彼女の力なくして、実のところ、本書は完成をみなかっただろう。ありがとう。

謝辞

次の方々には、本書への写真提供や掲載の許諾をいただきました。タフツ大学トリマー教授、ハーバード大学ホワイトサイズ教授、マサチューセッツ工科大学ラス教授、iRobot社の研究者ステルツ氏、イタリア聖アンナ大学院大学ラスキ教授、東京工業大学鈴森教授、フロリダ大学リャオ教授、マサチューセッツ工科大学オウ氏、コロンビア大学リプソン教授、カーネギーメロン大学アトキソン教授、早稲田大学ヒューマノイド研究所、デルフト工科大学ヴィッセ教授、ブリュッセル自由大学ファンデルボルト教授、ブリュッセル自由大学ヴェレルスト教授、シャドウロボット社バックリー氏、東京農工大学水内准教授、成岡博士。あらためてご協力に感謝いたします。

また、明快でユーモアのある挿絵を描いてくださった大津萌乃氏に深く感謝いたします。

デクステリティ
巧みさとその発達

ニコライ A. ベルンシュタイン 著
工藤和俊 訳
佐々木正人 監訳

A5判・並製・364頁
本体4,200円＋税

運動の生態心理学とは

運動は、どのようにして環境とかかわりあうのか──。ロシアの運動生理学者ベルンシュタインは、感覚と運動を一体にする「協応」の単位で現代の心理学に大きな影響を与えたが、パブロフの反射学説に反対し、スターリン政権から職を追われた。彼が1940年代に記した７つの論考から、運動研究の最大の関心事のひとつである〈デクステリティ＝運動の巧みさ〉を読み解く。

第Ⅰ章　巧みさ（デクステリティ）とは何か
第Ⅱ章　運動制御について
第Ⅲ章　動作の起源について
第Ⅳ章　動作の構築について
第Ⅴ章　動作構築のレベル
第Ⅵ章　練習と運動スキル
第Ⅶ章　巧みさ（デクステリティ）とその特徴

定価（本体＋税）は2021年１月現在

シリーズ 新・身体とシステム
佐々木正人・國吉康夫 編集

四六判・並製　各巻／本体2,300円＋税

身体について、その動きの原理について、身体のまわりをデザインすることについて、新たな知見をわかりやすく紹介する。

具体の知能
野中哲士

環境のなかで実際に場所を占めている「具体」の性質は、どのようにしてそのまわりの事物を映し出すのか。

個のダイナミクス
運動発達研究の源流と展開

山本尚樹

身体の動きの獲得にその人らしさはどう現れるのか。運動発達研究の系譜を追い、さらに赤ちゃんの寝返りに個性はあるかに迫る。

身体とアフォーダンス
ギブソン『生態学的知覚システム』から読み解く

染谷昌義・細田直哉・野中哲士・佐々木正人

アフォーダンスの理論が生み出された思想的背景とその未来を、運動科学、哲学、進化論などの多角的な視点からさぐる。

やわらかいロボット
新山龍馬

古典的なかたい機械にやわらかさが導入されたことで生まれた、新しい身体観、ロボットを見たときに起こる私たちの心の動き。

音が描く日常風景
振動知覚的自己がもたらすもの

伊藤精英

視覚に準拠した自己を聴覚・振動知覚の枠組みによる自己へととらえ直すプロセス。響き合う環境で生きることとは何かを問う。

定価（本体＋税）は2021年1月現在

シリーズ　身体とシステム
佐々木正人・國吉康夫 編集

四六判・上製

脳、身体、環境、相互作用、ダイナミクス、エコロジー、アフォーダンス、統合と分化などのキーワードから「こころ」をめぐる事象をあつかう研究に大きな変化があらわれた。本シリーズでは、その変化を具体的に提示して新たな視点の可能性をさぐる。

アフォーダンスと行為

佐々木正人・三嶋博之　編
佐々木正人・三嶋博之・宮本英美・鈴木健太郎・黄倉雅広　著

本体2,000円＋税

暗黙知の解剖

認知と社会のインターフェイス

福島真人　著

本体3,000円＋税〔オンデマンド版〕

ヴィゴツキーの方法

崩れと振動の心理学

高木光太郎　著

本体3,000円＋税〔オンデマンド版〕

ジェスチャー

考えるからだ

喜多壮太郎　著

本体2,000円＋税

脳と身体の動的デザイン

運動・知覚の非線形力学と発達

多賀厳太郎　著

本体2,200円＋税

記憶の持続　自己の持続

松島恵介　著

本体2,200円＋税

定価（本体＋税）は2021年１月現在

金子書房おすすめの図書

認知発達研究の理論と方法
「私」の研究テーマとそのデザイン

矢野喜夫・岩田純一・落合正行　編著
本体2,500円＋税

縦断研究の挑戦
発達を理解するために

三宅和夫・高橋惠子　編著
本体3,800円＋税

子どもの社会的な心の発達
コミュニケーションのめばえと深まり

林　創　著
本体2,200円＋税

日本の親子
不安・怒りからあらたな関係の創造へ

平木典子・柏木惠子　編著
本体2,600円＋税

日本の夫婦
パートナーとやっていく幸せと葛藤

柏木惠子・平木典子　編著
本体2,300円＋税

夫婦カップルのためのアサーション
自分もパートナーも大切にする自己表現

野末武義　著
本体1,800円＋税

子どもの自我体験
ヨーロッパ人における自伝的記憶

ドルフ・コーンスタム　著／渡辺恒夫・高石恭子　訳
本体2,600円＋税

グループディスカッション
心理学から考える活性化の方法

西口利文・植村善太郎・伊藤崇達　著
本体2,400円＋税

定価（本体＋税）は2021年1月現在

新山　龍馬（にいやま　りゅうま）

ロボット研究者。東京大学大学院情報理工学系研究科、講師。
1981年生まれ。東京大学工学部機械情報工学科を卒業、東京大学大学院学際情報学府博士課程修了、博士（学際情報学）を取得。マサチューセッツ工科大学（MIT）研究員（コンピュータ科学・人工知能研究所、メディアラボ、機械工学科）を経て、2014年より現職。専門は生物規範型ロボットおよびソフトロボティクス。

シリーズ編集
佐々木正人　多摩美術大学客員教授、東京大学名誉教授
國吉　康夫　東京大学 次世代知能科学研究センター長・
大学院情報理工学系研究科教授

新・身体とシステム
やわらかいロボット

2018年7月30日　初版第1刷発行　　検印省略
2021年1月30日　初版第2刷発行

著　者　新山龍馬
発行者　金子紀子
発行所　株式会社　金子書房
〒112-0012東京都文京区大塚3-3-7
TEL 03-3941-0111／FAX 03-3941-0163
振替 00180-9-103376
URL　https://www.kanekoshobo.co.jp

印刷／藤原印刷株式会社
製本／一色製本株式会社

© Ryuma Niiyama, 2018
ISBN978-4-7608-9393-5　C3311　Printed in Japan

文　献

1章

Karel Čapek　1923　R.U.R.（プラハ市立図書館の電子化プロジェクトによるチェコ語版）　https://www.mlp.cz/cz/projekty/on-line-projekty/karel-capek/

Iida, F., & Pfeifer, R. 2006 Sensing through body dynamics. *Robotics and Autonomous Systems*, **54** (8), 631–640.

Ikuta, K., Tsukamoto, M., & Hirose, S. 1998 Shape memory alloy servo actuator system with electric resistance feedback and its application to active endoscope. In Proc. IEEE International Conference on Robotics and Automation (ICRA), 427–430.

Ilievski, F., Mazzeo, A. D., Shepherd, R. F., Chen, X., & Whitesides, G. M. 2011 Soft robotics for chemists. *Angewandte Chemie International Edition*, **50** (8), 1890–1895.

井上晴樹　1993　日本ロボット創世記1920～1938　NTT 出版

Ishiguro, A., Ishimaru, K., Hayakawa, K., & Kawakatsu, T. 2003 How should control and body dynamics be coupled?: A robotic case study. In Proc. IEEE/RSJ International Conference on Intelligent Robots and Systems (IROS), 1727–1732.

Laschi, C., Cianchetti, M., Mazzolai, B., Margheri, L., Follador, M., & Dario, P. 2012 Soft robot arm inspired by the octopus. *Advanced Robotics*, **26** (7), 709–727.

Lin, H.-T., Leisk, G. G., & Trimmer, B. 2011 GoQBot: A caterpillar-inspired soft-bodied rolling robot. *Bioinspiration biomimetics*, **6** (2), 26007.

Marchese, A. D., Onal, C. D., & Rus, D. 2012 Towards a self-contained soft robotic fish: On-board pressure generation and embedded electro-permanent magnet valves. In Proc. International Symposium on Experimental Robotics (ISER), 41–54.

Metin, S., & Fearing, R. S. 2003 Synthetic gecko foot-hair micro/nano-structures as dry adhesives. *Journal of Adhesion Science*

and Technology, **17** (8), 1055–1073.

Muramatsu, K., Yamamoto, J., Abe, T., Sekiguchi, K., Hoshi, N., & Sakurai, Y. 2013 Oceanic squid do fly. *Marine Biology*, **160** (5), 1171–1175.

Pfeifer, R., & Bongard, J. 2006 *How the body shapes the way we think: A new view of intelligence*. The MIT Press. [細田 耕・石黒章夫訳 2010 知能の原理──身体性に基づく構成論的アプローチ 共立出版]

Steltz, E., Mozeika, A., Rodenberg, N., Brown, E., & Jaeger, H. 2009 JSEL: Jamming Skin Enabled Locomotion. In Proc. IEEE/RSJ International Conference on Intelligent Robots and Systems (IROS), 5672–5677.

Tadesse, Y., Villanueva, A., Haines, C., Novitski, D., Baughman, R., & Priya, S. 2012 Hydrogen-fuel-powered bell segments of biomimetic jellyfish. *Smart Materials and Structures*, **21** (4), 045013.

Trimmer, B. A., Takesian, A. E., & Sweet, B. M. 2006 Caterpillar locomotion: A new model for soft-bodied climbing and burrowing robots. In Proc. International Symposium on Technology and the Mine Problem.

II章

Lakes, R. 1987 Foam structures with a negative Poisson's ratio. *Science*, **235** (4792), 1038–1040.

Shelby, R. A., Smith, D. R., & Schultz, S. 2001 Experimental verification of a negative index of refraction. *Science*, **292** (5514), 77–79.

Shepherd, R. F., Ilievski, F., Choi, W., Morin, S. A., Stokes, A. A., Mazzeoa, A. D., Chen, X., Wang, M., & Whitesides, G. M. 2011 Multigait soft robot. *Proceedings of the National Academy of Sciences (PNAS)*, **108** (51), 20400–20403.

III章

広瀬茂男 1987 生物機械工学 やわらかいロボットの基本原理と応用

工業調査会
Keennon, M., Klingebiel, K., & Won, H. 2012 Development of the nano hummingbird: A tailless flapping wing micro air vehicle. In Proc. 50th AIAA Aerospace Sciences Meeting including the New Horizons Forum and Aerospace Exposition.
Kelly, D. A. 2002 The functional morphology of penile erection: Tissue designs for increasing and maintaining stiffness. *Integrative and Comparative Biology*, **42** (2), 216–221.
Kier, W. M. 2012 The diversity of hydrostatic skeletons. *Journal of Experimental Biology*, **215** (8), 1247–1257.
Kier, W. M., & Smith, K. K. 1985 Tongues, tentacles and trunks: The biomechanics of movement in muscular-hydrostats. *Zoological Journal of the Linnean Society*, **83** (4), 307–324.
King, D. 2001 Space servicing: Past, present and future. In Proc. 6th International Symposium on Artificial Intelligence and Robotics & Automation in Space (i-SAIRAS).
Liao, J. C. 2004 Neuromuscular control of trout swimming in a vortex street: Implications for energy economy during the Karman gait. *Journal of Experimental Biology*, **207** (20), 3495–3506.
オットー・リリエンタール著　田中豊助・原田幾馬訳　2006　鳥の飛翔　東海大学出版会
Low, K. H. 2009 Modelling and parametric study of modular undulating fin rays for fish robots. *Mechanism and Machine Theory*, **44** (3), 615–632.
Martinez, R. V., Branch, J. L., Fish, C. R. Jin, L., Shepherd, R. F. R., Nunes, M. D., Suo, Z., & Whitesides, G. M. 2013 Robotic tentacles with three-dimensional mobility based on flexible elastomers. *Advanced Materials*, **25** (2), 205–212.
McGeer, T. 1990 Passive dynamic walking. *The International Journal of Robotics Research (IJRR)*, **9** (2), 62–82.
Mosadegh, B., Polygerinos, P., Keplinger, C., Wennstedt, S., Shepherd, R. F., Gupta, U., Shim, J., Bertoldi, K., Walsh, C. J., & Whitesides, G. M. 2014 Pneumatic networks for soft robotics that ac-

tuate rapidly. *Advanced Functional Materials*, **24** (15), 2163–2170.

Nakajima, K., Li, T., Hauser, H., & Pfeifer, R. 2014 Exploiting short-term memory in soft body dynamics as a computational resource. *Journal of the Royal Society Interface*, **11** (100).

Pfeifer, R., Iida, F., & Gómez, G. 2006 Morphological computation for adaptive behavior and cognition. *International Congress Series*, **1291**, 22–29.

坂和愛幸・松野文俊　1986　フレキシブル・アームのモデリングと制御　計測と制御　**25** (1), 64–70.

Suzumori, K., Iikura, S., & Tanaka, H. 1991 Development of flexible microactuator and its applications to robotic mechanisms. In Proc. IEEE International Conference on Robotics and Automation (ICRA), 1622–1627.

梅谷陽二・伊能教夫　1979　蠕動運動の研究の現状　バイオメカニズム学会誌　**3** (1).

Wood, R. J. 2007 Design, fabrication, and analysis of a 3DOF, 3cm flapping-wing MAV. In Proc. IEEE International Conference on Intelligent Robots and Systems (IROS), 1576–1581.

IV章

Argall, B. D., & Billard, A. G. 2012 A survey of tactile human–robot interactions. *Robotics and Autonomous Systems*, **58** (10), 1159–1176.

Brodbeck, L., Hauser, S., & Iida, F. 2015 Morphological evolution of physical robots through model-free phenotype development. PLoS ONE, **10** (6): e0128444.

Brown, E., Rodenberg, N., Amend, J., Mozeika, A., Steltz, E., Zakin, M. R., Lipson, H., & Jaeger, H. M. 2010 Universal robotic gripper based on the jamming of granular material. *Proceedings of the National Academy of Sciences (PNAS)*, **107** (44), 18809–18814.

Cheney, N., MacCurdy, R., Clune, J., & Lipson, H. 2013 Unshack-

ling evolution: Evolving soft robots with multiple materials and a powerful generative encoding. In Proc. Genetic and Evolutionary Computation (GECCO), 167–174.

Hawkes, E., An, B., Benbernou, N. M., Tanaka, H., Kim, S., Demaine, E. D., Rus, D., & Wood, R. J. 2010 Programmable matter by folding. *Proceedings of the National Academy of Sciences (PNAS)*, **107** (28), 12441–12445.

稲葉雅幸・井上博允　1985　ロボットによるひものハンドリング　日本ロボット学会誌　**3** (6), 538–547.

井上貴浩・平井慎一　2007　柔軟指による物体把持と操作における力学の実験的解明　日本ロボット学会誌　**25** (6), 951–959.

Kim, Y.-J., Cheng, S., Kim, S., & Iagnemma, K. 2012 Design of a tubular snake-like manipulator with stiffening capability by layer jamming. In Proc. IEEE/RSJ International Conference on Intelligent Robots and Systems (IROS), 4251–4256.

Miyashita, S., Guitron, S., Ludersdorfer, M., Sung, C. R., & Rus, D. 2015 An untethered miniature origami robot that self-folds, walks, swims, and degrades. In IEEE International Conference on Robotics and Automation (ICRA), 1490–1496.

Onal, C. D., Wood, R. J., & Rus, D. 2011 Towards printable robotics: Origami-inspired planar fabrication of three-dimensional mechanisms. In IEEE International Conference on Robotics and Automation (ICRA), 4608–4613.

Ou, J., Yao, L., Tauber, D., Steimle, J., Niiyama, R., & Ishii, H. 2014 jamSheets: Thin interfaces with tunable stiffness enabled by layer jamming. In 8th International Conference on Tangible, Embedded and Embodied Interaction (TEI), 65–72.

Sanan, S., Ornstein, M. H., & Atkeson, C. G. 2011 Physical human interaction for an inflatable manipulator. In Proc. IEEE Engineering in Medicine and Biology Society (EMBC), 7401–7404.

Suzuki, T., & Ebihara, Y. 2007 Casting control for hyper-flexible manipulation. In IEEE International Conference on Robotics and Automation (ICRA), 1369–1374.

Ⅴ章

ニコライ A. ベルンシュタイン著　工藤和俊訳　佐々木正人監訳 2003　デクステリティ 巧みさとその発達　金子書房

Fukashiro, S., Hay, D. C., & Nagano, A. 2006 Biomechanical behavior of muscle-tendon complex during dynamic human movements. *Journal of Applied Biomechanics*, **22** (2), 131-147.

熊本水頼編著　精密工学会生体機構制御・応用技術専門委員会監修 2006　ヒューマノイド工学――生物進化から学ぶ2関節筋ロボット機構　東京電機大学出版局

Paul, C., Valero-Cuevas, F. J., & Lipson, H. 2006 Design and control of tensegrity robots. *IEEE Transactions on Robotics*, **22** (5), 944-957.

Shibata, M., Saijyo, F., & Hirai, S. 2009 Crawling by body deformation of tensegrity structure robots. In Proc. IEEE International Conference on Robotics and Automation (ICRA), 4375-4380.

Steinmetz, P. R. H., Kraus, J. E. M., Larroux, C., Hammel, J. U., Amon-Hassenzahl, A., Houliston, E., Wörheide, G., Nickel, M., Degnan, B. M., & Technau, U. 2012 Independent evolution of striated muscles in cnidarians and bilaterians. *Nature*, **487**, 231-234.

Ⅵ章

ニコライ A. ベルンシュタイン著　工藤和俊訳　佐々木正人監訳 2003　デクステリティ 巧みさとその発達　金子書房

Buckley, D. 1996 Shadow Biped Walker by David Buckley. http://davidbuckley.net/DB/ShadBiped.htm

Egawa, S., & Higuchi, T. 1990 Multi-layered electrostatic film actuator. In Proc. IEEE Micro Electro Mechanical Systems (MEMS), 166-171.

Haines, C. S., Lima, M. D., Li, N., Spinks, G. M., Foroughi, J., Madden, J. D. W., Kim, S. H., Fang, S., Jung de Andrade, M., Goktepe, F., Goktepe, O., Mirvakili, S. M., Naficy, S., Lepro, X., Oh, J., Kozlov, M. E., Kim, S. J., Xu, X., Swedlove, B. J., Wal-

lace, G. G., & Baughman, R. H. 2014 Artificial muscles from fishing line and sewing thread. *Science*, **343** (6173), 868–872.

細田　耕　2016　柔らかヒューマノイド――ロボットが知能の謎を解き明かす　化学同人

生田幸士　1991　形状記憶合金のロボット制御への応用　日本ロボット学会誌　**9** (4), 507–511.

加藤一郎・石田豊彦・森　善郎・山本敏博　1972　ゴム人工筋を用いた2足歩行機械　人工の手研究会編　バイオメカニズム　1巻 (pp.267–274) 東京大学出版会

松下　繁　1968　ゴム人工筋製作法ノート　計測と制御　**7** (12), 946–952.

Mizuuchi, I., Nakanishi, Y., Sodeyama, Y., Namiki, Y., Nishino, T., Muramatsu, N., Urata, J., Hongo, K., Yoshikai, T., & Inaba, M. 2007　An advanced musculoskeletal humanoid Kojiro. In Proc. 7th IEEE-RAS International Conference on Humanoid Robots ({Humanoids 2007}), 294–299.

Mizuuchi, I., Tajima, R., Yoshikai, T., Sato, D., Nagashima, K., Inaba, M., Kuniyoshi, Y., & Inoue, H. 2002 The design and control of the flexible spine of a fully tendon-driven humanoid 'Kenta'. In Proc. IEEE/RSJ International Conference on Intelligent Robots and Systems (IROS), 2527–2532.

Narioka, K., Niiyama, R., Ishii, Y., & Hosoda, K.　2009　Pneumatic musculoskeletal infant robots. In Proc. IROS 2009 Workshop on Synergistic Intelligence: Approach to human intelligence through understanding and design of cognitive development, 9–12.

Niiyama, R., Nagakubo, A., & Kuniyoshi, Y. 2007 Mowgli: A bipedal jumping and landing robot with an artificial musculoskeletal system. In IEEE International Conference on Robotics and Automation (ICRA), 2546–2551 (ThC5.2).

Niiyama, R., Nishikawa, S., & Kuniyoshi, Y. 2012 Biomechanical approach to open-loop bipedal running with a musculoskeletal athlete robot. *Advanced Robotics*, **26** (3–4), 383–398.

大鐘大介・兵頭和人・小林博明　1996　非線形バネ要素を持つ7自由度腱制御アームの機構と制御　日本ロボット学会誌　**14** (8)，1152–1159.

Pfeifer, R., & Scheier, C. 2001 *Understanding Intelligence*. MIT Press.［石黒章夫・小林　宏・細田　耕監訳　2001　知の創成——身体性認知科学への招待　共立出版］

Raibert, M. H. 1986 *Legged Robots That Balance*. The MIT Press.

Schulte, H. F., Adamski, D. F., & Pearson, J. R. 1961 Characteristics of the braided fluid actuator. In Proc. The Application of External Power in Prosthetics and Orthotics, 94–115.

Seok, S., Wang, A., Otten, D., & Kim, S. 2012 Actuator design for high force proprioceptive control in fast legged locomotion. In Proc. IEEE/RSJ International Conference on Intelligent Robots and Systems (IROS), 1970–1975.

鈴森康一　2013　ロボットとアクチュエータのバックドライバビリティ　日本ロボット学会誌　**31** (6)，548–551.

ラジコ・トモヴィック編　加藤一郎訳　1968　人間の手足の制御　学献社

Ueda, J., Secord, T. W., & Asada, H. H. 2010 Large effective-strain piezoelectric actuators using nested cellular architecture with exponential strain amplification mechanisms. *IEEE/ASME Transactions on Mechatronics*, **15** (5), 770–782.

Verrelst, B., Ham, R., Vanderborght, B., Daerden, F., Lefeber, D., & Vermeulen, J. 2005 The pneumatic biped Lucy actuated with pleated pneumatic artificial muscles. *Autonomous Robots*, **18** (2), 201–213.

Wisse, M., Feliksdal, G., van Frankenhuyzen, J., & Moyer, B. 2007 Passive-based walking robot. *IEEE Robotics and Automation Magazine*, **14** (2), 52–62.

山下　忠・武内顕一・奥野　康・相良慎一　1995　拮抗駆動関節による剛性とトルクの制御——空気圧アクチュエータによる実験的検討　日本ロボット学会誌　13巻5号，84–91.